Self-discipline give us freedom

我们要赢的，是自己

思小妞　著

古吴轩出版社
中国·苏州

图书在版编目（CIP）数据

我们要赢的，是自己 / 思小妞著. -- 苏州 : 古吴轩出版社，2020.5
ISBN 978-7-5546-1510-2

Ⅰ. ①我… Ⅱ. ①思… Ⅲ. ①成功心理－通俗读物 Ⅳ. ①B848.4-49

中国版本图书馆CIP数据核字(2020)第002105号

责任编辑： 蒋丽华
见习编辑： 闫毓燕
策　　划： 冀海波
封面设计： 林　丽

书　　名： 我们要赢的，是自己
著　　者： 思小妞
出版发行： 古吴轩出版社
地址：苏州市十梓街458号　　邮编：215006
电话：0512-65233679　　传真：0512-65220750
出 版 人： 尹剑峰
印　　刷： 唐山楠萍印务有限公司
开　　本： 880×1230　1/32
印　　张： 8
版　　次： 2020年5月第1版　第1次印刷
书　　号： ISBN 978-7-5546-1510-2
定　　价： 45.00元

前言

小时候看言情剧、偶像剧，剧中的男主角总会说这样一句台词：就算我赢了全世界，可输了你，又有什么意思呢？女主角当然是被感动得泪如雨下，然后一头扎进男主角的怀里。

“赢了全世界，输了你，又有什么意思？”小时候很迷恋这句话，以为爱自己的那个人能脚踩七色祥云，征服完全世界后，不屑地轻轻往后一抛，“傲娇”地说一句：“这不是我想要的。”然后向我行来。长大后，才明白，我们征服不了世界。

世界可以被分割成无数小世界，而每个小世界就是一个江湖，江湖里有什么我们都知道：人！有人的地方就是江湖。所谓的“征服世界”其实就是我们跳入被分割成的一个个小世界里，用自己各种分身在其中“打怪”（但未必升级）。

“胜者为王，败者为寇”，这条丛林世界的生存法则，道理没错。但，真累啊！

如果在青春年少，二十岁出头时，有人告诉我：你别费劲了，和别人斗个什么劲，争什么输赢啊，把注意力放在自己身上，把生活过好才是正事。我一定会扭头就走，还附赠他一个鄙视的微笑。不想赢、不敢争的人是平庸的！

可现在，工作12年，嫁为人妻，当了妈妈，从上海到美国，见过众多智商和能力都令我望尘莫及的人后，我真想让十几年前的那个自己穿越过来，给现在的我道歉：对不起，我错了，你说得真对。这世上赢得世界或赢过他人都不重要，重要的是赢过自己。

不是说他人或世界对你不重要，而是与他们咬牙较劲，你自己得不到一点儿好处。地球不会因为你的好胜心，自转一圈变成25小时；世界不会因为你渴望赢就处处是光明；你的朋友、同事更不会因为你求胜心切就多爱你或多恨你一点儿（该爱、该讨厌的不会变）。当初“争奇斗艳”的剧目最终都会在年长回忆时变成一个问句：当初有必要吗？

因为你迟早会发现，无论是你想赢过别人，还是别人咬着你不放，大家始终还是在自己的世界里充当着主角，在他人的世界里充当着配角，轨迹不会偏差到出格，却反而会因为面子、气势这些“不划算”的东西损人伤己。

和别人争高低，会促使你进步吗？有时候会，但如果我们自己进步的来源永远都维系在他人身上，人生“小马达”的动力是多严重不足啊！我们都在文学或影视作品里见过这样的桥段：两位世仇厮杀多年，突然一方死去了，另一方开心吗？并不，很多时候他们是落寞的，甚至是空虚的——和我一争高下的人都没了，我还在争什么啊！生活顿时黯淡无光。

所以，人还是得和自己较劲，赢了过去的自己，生命才会真正迎来丰盈。为什么？

因为，和自己较劲不是赌气，不是逞一时之快，而是真的要认识到自己的不足、缺点，然后去克服，俗称对自己下狠手。这样的人，飒爽。

因为，战胜自己的人，在看到自己的进步与成长后，才能更加接纳、认可自己，你不必在别人的身上找到自己的存在，你就是自己的主人。这样的人，自由。

因为，能赢过自己的人，会始终把目光和精力放在自己身上，他们能够顶住外界的诱惑、干扰、侵害，心无外物。这样的人，自在。

飒爽、自由、自在，这样的人生几乎算是完美了吧。

我们不惧怕丛林法则的道理，毕竟赢得别人，很多时候确实让自己愉悦。但这条道理并非是你人生中唯一的法则，因为成年人的世界里，最有意义的事情就是知道自己想要什么并督促自己实现。

不与他人较长短，只与自己比高低。别人都想赢世界、赢他人，而我只想跑赢自己。

目录

CHAPTER 1

第一章

我的人生，我做主

过适合自己的人生

L是我的高中同学，也是我认识的最聪明的女生。她创造了我们学校的两项纪录：高中三年月考都名列第一，高三请假最多但依旧考到了国内排名第二的高校。这两项纪录至今无人能破。高考那年L可以被保送去复旦，但因为喜欢的男生在北京，L放弃了保送机会，考到了国内排名第二的高校。

我们所有人都认为L必将是一颗耀眼的星。但在几年前的同学聚会上，我从别人那里得知L在研究生期间辍学了，因为和导师不合。后来她嫁了人，全家移民去了新西兰，现在她在那里过着相夫教子的主妇生活。

还有汤姆，他是我老公实验室里的天才教授，博士毕业只做了半年博士后就被全美工科排名第十的大学聘作助理教授，用了不到三年的时间申请到一笔大额基金，然后成为系里最年轻的拿到终身职位的教授。就在大家半开玩笑半认真地赌他多久能拿到诺贝尔奖时，汤姆教授疯了，因为科研压力和家庭意外。现在他还住在疗养院里。

把L和汤姆称为天才不算过分，天才们尚且会因为某种原因泯然众人矣，那作为普通人的我们应该如何经营自己的人生呢？

● 努力不是“限量品”，而是一种生存态度。

大多数人的一生都在挣扎着与碌碌无为做抗争，因为“平凡”二字太容易让人颓丧，为了摆脱它，我们不停地让自己陷入忙碌和努力的状态。可忙碌和平凡之间从来都不是正向关系，就像努力和成功之间也从不该画上等号或约等号。那些真正成功的人只是把努力当成一种生存态度——这是一个人立足于世应该有的态度，而普通人却把努力看作“限量品”，它偶尔现身一次，就把自己感动得热泪盈眶。

不是天天加班、熬夜赶项目、频繁出差就“应该”获得职场上的成功，那些职场上“混”得风生水起的人把加班、熬夜当作生活常态。

不是每天健身、定期清肠、参加铁人三项就“应该”得到一个好身材，那些对自己健康负责的人认为这不过是一个正常的态度。

成功的人不追求“应该”，而是只把别人眼中的锦上添花看作本该如此。他们明白努力和成功二者之间有关联，但绝非因果关系。

如果你渴望并正在追求成功，那么只有你把努力和忙碌当作稀松平常，将来在面对一无所获的结局时，才不会后悔自己曾经付出过，也不会认为一生无所得。

● 定义成功比追求成功更有意义。

我的一个朋友，他父亲在国内二线城市有自己的企业，只要他想，毕业后按照父亲铺好的路去走，这辈子都可以过得高枕无忧。可研究生毕业后，他不顾劝阻放弃了家里的安排，靠自己的实力进了研究所，成了一名干得辛苦、赚得不多的工程师。七年过去了，他依旧是一名普通的工程师。

他选错了吗？

从表面上看，我朋友似乎错得离谱。但他从小就见过在父母这个圈子里的人，今天还有房有车，明天就破产了；他也尝过父母因为工作应酬，一年365天里有2／3的吃饭时间都在饭桌上和别人一起度过，只有保姆陪他过生日的心酸。他现在选择的生活，至少可以安稳踏实睡觉到天亮，准点下班陪老婆孩子吃晚饭。

我们渴望马云、王健林那样的成功，但不能说世上只有那一种人生才算成功。对一位清洁工来说，当他用自己超强的整理术和清扫方法让又脏又乱的办公室恢复整洁，为第二天上班的人创造一个舒适的环境时，他的工作就是有意义的、成功的。

权力、名望、金钱可以作为成功的一类标尺，但“能做自己喜欢做的事且能做好自己喜欢做的事”也是成功的一种度量衡。

●“你非要有出息”是个假命题。

话说回来，如果我尝试了、努力了，最后还是成为一名普通人，是不是自己这辈子就是个悲剧？

如果我们为自己营造的是一个“没有伯乐”“怀才不遇”的生活氛围，并在这样的氛围下郁郁而终，那这辈子的确是个悲剧。可如果我们愿意承认自己的平凡，然后去做一个踏踏实实、不断上进的本分人，至少你的生活和内心是自洽的。最糟糕的一种生活就是明知自己庸碌无为却还想着“翻江倒海”。

其实我们大部分人很难成功是因为在衡量出人头地这件事的时候根本算不清楚代价和风险有多大。如果你追求的成功是有闲钱买买包、看看歌剧，休假的时候狠得下心来去欧洲七日游，它们充其量只能是“过得还行”。真正的成功和成就远不止如此，代价也远大于此。它需要你揣着粉身碎骨的冒死精神和失败后被众人耻笑的可能，从头再来，一步步匍匐前行。

所以，在我们追逐成功前先问清楚自己，到底想要的是“过得还行”，还是真正的成功?

想想大家都熟悉的《龟兔赛跑》的故事，其实这是一场极其复杂的比赛，犹如人生。

BBC（英国广播公司）《地球》栏目曾和一些专家探讨过这个问题，比赛的输赢需要考量以下方面：

龟兔赛跑必须考虑比赛的类型。我们知道，比赛不同，要求就不同，参赛的选手也就不同。美国亚利桑那大学保护遗传学家泰勒·爱德华兹说，如果我们把比赛分成三种，那么每种比赛可能都会有截然不同的结果。

在短跑比赛中，倘若兔子的奔跑速度能够达到50—60公里每小时，那么兔子便可轻松获胜。

如果是耐力比赛，龟兔之间就可能更加势均力敌。爱德华兹解释说，沙漠陆龟能够在恶劣的条件下坚持长途跋涉，一些长耳大野兔也可以，这些兔子也能很好地适应沙漠环境。“如果我们看到的龟兔能力不相伯仲，这样的比赛可能就比较公平了。”

而在爱德华兹所说的第三种比赛中，乌龟会获胜，这是一种改良后的比赛。长耳大野兔距今最多只有四万年的历史，而跟乌龟同属一族的海龟则有两亿年的历史（乌龟本身的历史有六千万年到八千万年）。他还说，再加上漫长的寿命周期，它们肯定会在这类比赛中遥遥领先。

另一位研究人员纪尧姆·巴斯特里-卢梭来自美国纽约州立大学，他是研究加拉帕戈斯群岛巨龟的专家。他也赞同一切取决于赛跑的距离。“如果比赛的时间是一个多小时，那么乌龟根本赢不了。”但是如果将漫长的寿命都赌上，他相信乌龟会赢。

所有生物迹象都表明：驽马十驾，功在不舍。用漫长的一生坚定向前，就一定能跑得赢。努力的价值不只是“鸡汤”的功效。

虽然聪明人不一定都是成功者，但一定是在权衡自身所能承受的风险和付出的代价后，能够找到一个舒服的位置去生活的人。就像《生活大爆炸》中霍华德说的那样：“不是每个人这辈子都能功成名就，我们大部分人不得不去接受从平凡生活里找寻人生的意义这个事实。”

带着“不随便”的态度向前冲

十年前大学毕业时，我和许多毕业生一样，迷茫的同时又觉得自己前途无量，世界虽然无边，但可以靠着自己的脚步一寸一寸去丈量。借着这种没来由的自信，想着工作三年内成为团队主管，拿着六位数的年薪带父母去马尔代夫的沙滩上晒太阳。工作一年后，加过无数次班，有过两次10%的薪资涨幅，小小升迁过一次后，看着部门经理、区经理、区域经理、大中华区总监这样一长串头衔以及每一个头衔背后相匹配的三年、五年、十年……才知道马尔代夫离自己还很遥远。

28岁时，算算自己还有七百多天就要到达传说中的分水岭了，希望自己在30岁生日这天做一件于人生而言有意义的事，比如，给热爱文字的自己一个交代，能够接到出版社的出书邀请，为喜欢骑行的父亲买一辆质量好的自行车，能够让爱美的母亲经常做做美容。后来，30岁生日这天我像往常一样挤着地铁去上班了，想象中的美好一样都没发生。

小时候我们都有过美好的梦想：18岁进入一流大学，25岁开始有自己热爱的事业，35岁实现财务自由，然后遇到非他不可的那个人，一起去环游地球，累了就择一城，看山看水看夕阳。总之终其一生都自由、快活。这才是不白活的一生。

而现实是，想象中的美好总和自己有万里之遥，每一天都像30岁的生日——平凡、仓皇、无意义。为什么现实中的我们没能像想象中那样成功？

● 因为并不是真的想成功。

永远是最后一个离开公司的人，下班后再累也坚持读五页书，节假日不是进修就是在进修的路上，每天都会了解行业内的最新趋势，坚持和业内“大牛”定期沟通交流，我怎么可能不是真的想成功？

迈克尔·乔丹在自己的传记里提到过一个小故事。有一位教练在一次篮球赛上看到赛场上的9个球员都在“例行公事”，而只有1个孩子在全力以赴。这位教练看他打得那么拼命，以为这支球队正以1分落后，而比赛还有2分钟结束。然后他扭头看了一眼记分牌，发现这支球队落后20分，而比赛还剩1分钟。这个孩子就是乔丹。

乔丹、科比、C罗、菲尔普斯、博尔特这样的世界顶级运动员无一例外对赢充满了巨大的野心。在他们的世界里，对失败的痛恨远超过其他运动员。“不过是一场比赛，还有下次”是常人的思维，因为我们认为人生是一场马拉松，你跑赢前100米不重要，重要的是能坚持跑完全程。但对于顶级运动员来说，他们既要职业生涯漫长，也要每一次比赛都赢。

有多少人能在败局已定时还坚持顽强反抗？聪明人说他们愚蠢，不懂变通。就像我们在工作中都会遇到被领导否定方案，遇到和同僚竞争失败，然后就开始感叹人心不古、生之艰辛，开始变成消极主义者，让自己符合趋势，过得舒坦些。只有那些真正想赢的人知道，为了赢，他们可以做任何艰苦、突破极限的事情——不管是科比看到的洛杉矶凌晨4点的样子，还是博尔特训练到变形的双脚。

- 因为不够过度自信。

这个时代，似乎自信已经不那么好用了，必须过度自信才更有成功的可能。

过度自信者们能高估自己的能力，敢于尝试去做很多能力范围之外的事情。就平均值而言，过度自信的人比能正确评估自己能力的人更容易成功。引用万维刚老师的话来说就是有种“侥幸的成功”。

过度自信的人不太去计算风险，遇到机会先做了再说。由此可能产生三种结果：运气好，恰好碰到胆小的，没人和你争，白赚；有人和你争，但能力未必比你强；当然，第三种结果就是惨败。但有很多时候是太有自知之明的人还在计算成功的概率时，过度自信的冒险者已经捷足先登了。

这个世界是属于冒险者的，他们会比正常人有更多的失败次数，但只要还活着，他们就会继续努力，最终成功的可能性也比正常人大很多。

没有人能随随便便成功，所以才要带着“不随便”的态度向前，披荆斩棘。

迷茫能让你更好地成长

应该是近两年，我才终于接受迷茫不是个“恶魔”这件事了。

学生时代我和大多数人一样，成天活在迷茫的“魔咒”里焦虑不安。一方面觉得青春无敌，大好人生才刚开始，没什么好惧怕的；另一方面，想到美好的生活虽然即将开始却没有方向，就觉得一辈子漫长得有些多余。

的确，如果对自己的生活方向一直云里雾里，就像在大雾天里开车，即便这条公路上没有别的汽车和你抢道，你也会因为看不见前方的路而担心自己是不是下一步就要掉入万丈深渊。

更何况，公路上有很多辆汽车，大家都是摸黑往前开，谁知道下一起事故何时会出现？就像迷茫的青春，几乎每个人都有雄心壮志却又不知下一步该往哪里走，彼此凑在一起，于是更加焦虑了。

其实大可不必担心，因为迷茫并不是青春的专属。即便褪去青涩，长成了一张大人脸，有了稳定的工作、幸福的家庭，过着安逸的生活，迷茫还是不会离你而去。否则，那么多中年危机就来得莫名其妙了。

人，大概只有迈入老年后才不会觉得迷茫，不是因为年龄够大足够有智慧，而是因为要开始整顿心情去面对死亡，没有时间去想无关紧要的事。

和人生中的很多事情相比，迷茫的确是小把戏。比如：即使再迷茫，肚子饿了一顿不吃就是天大的事，这个时候迷茫也要先给吃饭让位；即使再迷茫，想想考试或项目的期限迫在眉睫，也实在是耗费不起精力迷茫；放眼望去也没几十年就要面临大限将至这个问题，连死都快被自己担待着了，扛下区区迷茫又算多大的事呢？

没有对比，就没有接受。我之所以不再担心迷茫这件事，倒不是因为我的方向明确了，而是我发现即使一直迷茫，只要不沉沦，生活也不会待你太薄。甚至冥冥中，自有力量牵着你走上一条路，然后，不知不觉，那条路就成了你人生的正轨。

就拿我来说吧，我一直是个没什么想法的人，或者应该说没什么能力去规划自己的未来。即使心血来潮定了目标、做了计划，能坚持一周已属奇迹。我从没想过毕业后应该在哪座城市生活，在什么样的公司上班，从事何种行业，在哪里安居，嫁给什么样的男人，秉持什么样的信念和原则去维持婚姻关系，准备到什么程度才迎接孩子的到来，有了子女该怎样去教育他们，做些什么才能够维持有品质的生活，如何让中年的自己升值。

可以说，我完全是凭任性和直觉做着人生中一次又一次的重大选择。无论是选择工作、定居的城市、另一半，还是跑到美国来，调性只有一种：稀里糊涂。这四个字简直就是我人生的指南针。

走到今天，我发现即便一直迷迷糊糊地过活，生活也待我不薄。当然，从物质方面来说，远够不上标配的“好生活”，但从内心来说，我着实喜欢自己的人生。每次回过头去看当初的选择，能欣然接受；问自己“如果当初……”这样的问题，答案始终都是能走到现在这一步就是最好的。

迷茫着，却还能对现状满意，这难道不矛盾吗？看上去既像笑话，又像谎言。

其实迷茫和满意之间完全可以不矛盾，甚至能够理出一条很顺畅的逻辑链：虽然迷茫着，但因为仍努力着，所以并不会觉得现在的生活不好。

明白了吗？让我们心安的从来都不是目标的确定性，而是追求的过程。迷茫从来都不是立个旗帜就能缓解的，而是你得自己努力，即便没有一杆旗杵在前方。

为什么努力非常重要？

一个很重要的原因是，它能耗光你大部分精力，让你没力气再去迷茫。

所以会有那些“我从何来”“将去何方”的形而上的问题，都是因为尚且有闲。如果你需要应付铺天盖地的问题，根本无暇翻出“迷茫”这个标签贴给自己。没发现吗？中年危机只有在已经取得过些许成就的人身上出现，因为他们有时间停下来去思考“如何让未来的自己能像过去的自己那么厉害”这个问题。

另一个原因是，生活的确是无常的，无论是苦心追求还是刻意安排，它都会制造出意外。

其实，很多时候关键不在于生活方式如何，而在于只要你持续努力，就有机会打破迷茫，或者迎来新的未知和焦虑去代替以往的。

如果你能安然接受迷茫只是一件稀松平常的事——我们总会在某个阶段陷入或长久或短暂的迷茫；抑或，即便你理清了人生的大方向，也难免要在某件事上迷糊一会儿；更何况，活得像明镜似的人，也难免在午夜梦回时自我怀疑几分钟——就像感冒一样，你不把它看成巨大的压力，它也就不会轻易让你尝到焦虑的滋味了。

况且，你真的听过因为迷茫而让自己的人生陷入僵局的故事吗？我没听过，反倒是无心插柳、歪打正着、稀里糊涂取得成功的故事听了不少。那样的成就肯定不会只凭借运气，但你说他们是经过精心刻意的规划后得到的，我是不信的。

有时候，就是得带着些撞大运的期待去努力，人生才能柳暗花明。

所以，当你还在因迷茫而苦恼时，你应该感到开心，因为这至少说明：

第一，你还没有迈入老年，有心思去体验迷茫。

第二，你还有无数种人生可以去期待。

第三，你应该不算很忙，尚有空闲去努力。

每个选择都要你自己扛

你曾对自己的人生有过什么误会吗？

比如像我一样，学生时代的作文经常被拿来当范文在全班或别的班级朗读，获过一些奖项，就以为自己在写作方面挺有天赋。直到去年，我开了微信公众号，给一些媒体写专栏，开始天天把“码字”当成正式工作去完成时，才发现这么多年以来，我真是误会自己的才华了。

虽然比我不会写的人有很多，但比我会写的人更多。我从过去不知天高地厚地认为自己能“玩弄文字于股掌中”，到现在惊觉原来误会了自己的写作天赋。难免偶尔自我怀疑一下，产生“世界这么大，会写的人这么多，我何时才能成为优秀的作者”这样的质疑。

很多时候，我们太容易被自己迷惑，把擅长的那一点当成了天赋，以为凭借于此就能崭露头角、一举成名。而事实是，在某一方面，我们也许确实比别人强了那么一点点，这多出来的一点点就好比你恰好比别人五官端正了些，身材匀称了些，但又绝不至于达到“只是因为在人群中多看了你一眼，再也没能忘掉你容颜”的级别。

这就尴尬了，人人都想靠自身实力脱颖而出，但实力往往不太争气，让我们不能脱颖而出。更尴尬的是，除非受到刺激或挫败，否则我们很难自知，“原来对自己的误会这么深啊”。

怎么办？难道就此作罢吗？

这还真不失为一个好主意。周杰伦在《稻香》里不是唱了“追不到的梦想，换个梦不就得了”？没有谁的人生是非要如此不可。

所以，别把自己的梦想看得太崇高。世界那么大，一生不算短，给了每个人足够的空间与时间去挑选，而我们要做的就是懂得在该坚持的时候咬紧牙关，该放弃的时候别硬逞强。

“有心栽花花不开”是人生对我们开的玩笑，“无心插柳柳成荫”是命运给我们的奇迹。

但是总有一些人非要在一条道上杀出个天下无敌才肯罢休，怎么救？不用救，就像作家庄雅婷说的，一错到底，也是对的。

如果一个人真能收起左右摇摆，不顾他人劝阻，冷眼对待别人的质疑和否定，横下一条心走到黑，看上去是丧失理性，但往往也代表着他正在汇聚自己的所有力量一头栽下去，猛扎猛打，早晚也能凿出个洞，看到世界的另外一副模样。

虽然钱锺书说很多人是错把热情当天赋，但能够对一件事一直保有热情，谁又能说不是一种天赋呢？

人生最大的损失，从来都不是轻易放弃，而是摇摆不定，浪费了付出的感情和精力。

倒不是我热衷于灌“鸡汤”，虽然热卖的《只有偏执狂才能成功》为“一条道走到黑”加持不少，但我们都知道大部分人不敢或不能一条道走到黑，剩下的人中大多数走到最后发现自己原来只是进了一条死胡同，只有剩下的很小一部分人最后迎来了光明。

“一条道走到黑”的尴尬之处在于，走到最后你发现，自己动用对抗全世界的勇气和决心并没能感动上天。当然，上天也不会辜负你，还了你一记响亮的耳光，顺带着“死心眼”的话外音。

可即便走下去成功无望，你只要掉个头或者稍微变个轨迹，就不会拥有“撞南墙”的血和泪，我们依然不能嘲笑和指责那些选择“一错到底”的人。原因很简单：不关你的事。

更何况，一条道走到黑，万一你选对了，走出来了呢？

做好人生的选择题

从前有一头驴，它站在两堆看起来一模一样的干草中间，它本可以在两堆干草中自由选择一堆当作自己的美餐，但最后，它却因为无法决定到底吃哪一堆而活活饿死了。

这头驴有一个著名的名字——布里丹之驴。这个名字源于14世纪的哲学家让·布里丹。他提出了一个重要的观点：有时自由意志反而会导致"无法作为"，即一种由"不确定性"和"过量的选择"造成的"选择决策能力的丧失"。

选择决策能力的丧失，在今天有个流行的说法叫选择恐惧症。

生活中时刻都充满选择：午饭吃什么？去哪家店吃？喝拿

铁还是热可可？第一次约会穿哪件衣服合适？我该选择父母帮我找的工作还是去北上广拼拼？要和他分手，还是继续磨合一下再看看？

哥伦比亚大学教授希娜·艾扬格以研究“选择”而闻名。根据希娜的统计，一般成年人每天大约要做70个大大小小的选择；一个企业的CEO，日理万机，千头万绪，平均每个抉择只有不足9分钟的考虑时间。

可见，“生活就是不断地做选择题”这句话还真不假。

讽刺的是，选择本身让很多人充满了恐惧，成了当今社会流行的四大心理疾病（抑郁症、强迫症、拖延症、选择恐惧症）之一。为什么我们会惧怕选择？可能来自三方面。

第一，与从小生长的环境有关。

患有选择恐惧症的人有很大一部分原因在于内心缺乏安全感，他们常与“拖延症者”“完美主义者”“自卑者”这些标签产生关联。通常这些人习惯了被权威控制，压力和否定伴随其成长，所以他们习惯了被动和顺从，在心理上害怕为选择的结果负责，因为有“权威”一直在帮他“做出正确选择”。他们习惯了执行，而鲜少去停下来想想目标和自己的意愿。当他们突然要面临自主选择时，就会不知所措、担心后果，导致难以做出决策。

最典型的代表就是，成绩一直很好的学生进入大学后或即将毕业时，有了自由选择的空间，却不知所措，时常感到迷茫、郁闷。

第二，习惯高估选择的意义。

“选专业真的很重要！”

“第一份工作的选择太重要了！”

“选对结婚伴侣是件终身大事！”

类似的话，我从小到大没少听。因为我们习惯认为很多选择是重大的，甚至致命的，所以不敢轻易做出决定。我们一定要坐在自己人生的驾驶座上，每个选择都要深思熟虑，要做到高瞻远瞩，步步为营。不幸的是，身为人类，我们能把控的事物太有限，科学家告诉我们，在做选择时，我们常常犯错。

因为我们无法准确预估未来的结果，所以绝大多数决策，其实都由脑海中对未来的描绘所决定，这种构建依靠的往往是基于过往经验所做的迅速情绪反应、有意识的回忆和评估，以及对未来愿景的勾画。

当人们过度关注眼前的事情，就会高估这件事对自己的影响，无论是强度，还是时长。例如一场比赛的胜利，或是考试的成功，可能并不如我们想象的那样“决定自己一生的幸福”，随着时间过去，人们多少会质疑自己当初选择付出的时间、精力是否用错了地方。

还有很重要的一点在于“世事难料”。即便你很看重某次选择，为它做好了万全之策，但你心里明白这世上根本没有所谓的“万全之策”，任何时候都可能发生意外。

第三，选择太多。

关于“选择”，希娜做过一个很经典的实验：在超市的桌子上给顾客提供6种或者24种果酱，让大家免费试吃，然后统计他们试吃的种类数目以及试吃后的购买意愿。

结果显示，无论选择数量是6种还是24种，人们都只会品尝其中的一两种。此外，选择的数量影响了人们的购买意愿：面对6种选择时，有30%的人真的购买了其中的一种果酱；而面对24种选择时，却几乎没有人愿意掏钱购买。

这是因为太多的选择反倒让我们无力、不知所措，而不是感到自由。这听起来似乎有些自相矛盾，但社会科学家施瓦茨在其著作《选择的悖论：用心理学解读人的经济行为》中把这种现象称为“认知负担”——过多的选择造成了对认知过大的需求，使我们感受到认知的负担，从而降低了去做选择的能力。

此外，这种能力的降低还和人们不能理性地计算机会成本有关。当我们做出一个选择时，必然要付出一定的代价。无论怎么选，我们能够占有的选项始终只有一个。因此，我们计算机会成本时，应该只把“除了这个之外最有吸引力的选项”计为机会成本。但非理性的人会把所有存在的选择都计算在机会成本内，他们认为自己在做出一个选择时失去了很多其他选择，所以迟迟不做决定。

选择越多，就越容易去想象那些你放弃了的选择可以为你带来哪些美好，这无疑会给自己做出选择制造负担和困难。

其实我们选择困难，在很大程度上是因为没钱才会去纠结，希望选出性价比最高的那一个。

另一种对于选择的恐惧也许与钱无关，而是我们太害怕冒险，不敢承担风险，想到失败的可能性就退缩，把头埋在沙子里，所以才在一次又一次的选择中踌躇。可在这个世上，有谁的人生是经历过一次错误的选择就会再无翻身的机会呢？

错过了“第一次”还有“第二次”，除非你拒绝前行。

当然，也许有人会说你这两种结论都是站着说话不腰疼，现实是我们没有花不完的钱，也的确想规避最大风险。这要如何破除选择中产生的恐惧呢？

第一，了解自己的需求。

在施瓦茨的著作《选择的悖论：用心理学解读人的经济行为》中，他提到了三种人：满足者、完美主义者和最大化者。

最大化者追求极致的好，并且只接受极致的好。完美主义者也追求高标准，但并不期望一定达到；如果没达到，他们并不会像最大化者那样忧郁、懊恼、痛苦。而满足者们，只要“足够好”就行了，哪怕他们知道有更棒的结果存在，也不纠结。

所以，试着去追求“足够好”而非“最好”，以满足需求为目标，可以减轻焦虑和压力。

第二，减少选择。

过多类似的选择，除了令当事人混乱之外，其实很多时候并无实际需要。

日本著名管理学家大前研一在著作《OFF学》一书中提出，与其多花时间在购物的选择上，不如花心思寻找属于自己“标准”的物品。一旦寻获，只需不断重复购买相同的物品，便不会有购物的烦恼和时间的浪费。作者的“标准”物品有日常用品包括牙刷、洗发水等，到早餐的泡饭材料包，再到随身物品，例如一用二十多年的Tumi（途明）品牌公文包，既适合出差又可以跑步的健走鞋，他自己设计的无须打领带的企领恤衫，等等。

这与史蒂夫·乔布斯不谋而合。他自从发现了好友设计师三宅一生的黑色Turtlenecks（高翻领）衬衣之后，便把它当作自己的“制服”。据沃尔特·艾萨克森在《乔布斯传》一书中透露，三宅一生应该给乔布斯定制了过百件的黑色Turtlenecks衬衣。

第三，尽可能通过可靠的信息源去了解每一个选择的信息，评估它可能带来的结果。

我们可以尝试分门别类去甄别选项，让自己更有效率地做决定，然后由浅入深地去分析。不妨先由较容易做决定的选择开始，由浅入深慢慢推进，可以大幅度地降低当事人中途放弃的比率。

第四，转变思维，不要陷入非A即B的选择怪圈。

纳西姆·尼古拉斯·塔勒布在《反脆弱》一书中提出了一个“杠铃策略”——你不应该去接受中等的选项，而是应该同时去选择两个端。比如在投资的时候，一部分钱去搏高风险高收益，另一部分找最稳妥的投资，这比把钱投在中等风险和收益的渠道上要好。

生活中的选择也一样，一方面你可以接受很廉价的东西，另一方面你应该去追求最好的东西。因为每个人所拥有的资源是有限的，这个资源可以是时间、金钱、精力，甚至是你的热情，你只有在有些事件上接受一般甚至糟糕的结果，才有足够的资源在另一些事情上去追求更好的东西。

第五，降低对选择结果的期望，以及把目光收拢到我们自己身上，减少对周围人正在做什么、得到了什么的关注。

有时候我们难以做出选择，是因为对选择后的结果充满了过分的期待或过于悲观，事实上有很多选择并不会让我们的生活有翻天覆地的变化。而有时候我们难以做出选择，纯粹是因为太关注别人做了什么，太在乎别人对自己的看法。

曾经看到过这样一段话："有人会因为无法做出决定就推迟决定，然而实际上推迟决定恰恰是最差的决定。在推迟决定期间，时间悄悄流逝，你却没有任何一条路上的积累，白白浪费了时间。如果你有一些钱不知道花在A还是B上，你先不做决定，没问题，因为钱还是你的。但如果你有一些时间，不知道花在A上还是B上，不行，因为过了这段时间，这段时间就不是你的了。"

因此下次举棋不定时，不妨把要做选择的那件事看成是手中有限的时光，大部分时候，你怎么选都比不选择要好。

接受自己，才能超越自己

我的读者中有个大姐，她不太喜欢孩子，所以刚结婚的时候就与老公约定十年内不生孩子，至于以后生不生，就看她对生孩子这件事的渴望程度了。老公同意这一点，他们才领了结婚证。但刚结婚一年，老公和婆婆就变着花样催促她，甚至求她生孩子。她特别反感，又不敢离婚，因为离婚在娘家人看来是很丢人的一件事。所以思来想去，她还是把孩子生了，但生完孩子足足抑郁了两年。

本以为一辈子也就这样了，但这几年二孩政策放开，婆婆明里暗里提醒她，趁着还能生赶紧再生一个。这种暗示勾起了她对产后抑郁的回忆，她觉得自己能从崩溃的边缘离开变成正常人已算万幸，怎么会重蹈覆辙呢？

于是，她直接跟婆婆挑明了："生不生孩子是我跟你儿子的事，不是我跟你的事，我们两个人的事不用你掺和。如果你儿子非得生二孩不可，就先把婚跟我离了，找另外的女人结婚了生。"

结果，这一摊牌，才发现，自己老公从来没有离婚的念头，也没想着必须生二孩。用他的话说："你不想生，我还省得养了呢。"婆婆一看这架势，自然就偃旗息鼓了。

大姐说，通过这件事，她发现婆婆并不是恶人；相反，如果站到婆婆的立场上，她可能也会说服儿媳妇再生一个孩子，毕竟老人有老人的想法。但是亲人提出一个想法，你就一定要满足他吗？有能力满足的当然可以去满足，不愿意满足的、没有能力满足的就一定要亮出自己的底线。

大姐还说："有时候真不怪别人欺负你，因为你没有把底线亮给对方，他不知道自己已经越过了你的底线。但是你为什么不把底线亮给他看呢？是因为你不敢，你恐惧的东西太多。比如我，我恐惧什么呀？恐惧被抛弃，恐惧失去一段关系，恐惧自己沉溺在抑郁中无法自拔。可是，恐惧的那些事情不一定真会发生，就算真发生了，我有不错的工作，我能养活自己，养活孩子也没问题，我怕什么呢？这种恐惧和现实完全不相符，因此这种恐惧就不是我自己的，而是别人放到我身上的。”

大姐与我聊了将近三个小时。结束聊天之后，我脑袋里马上浮现出一句话：问题不是被解决的，而是被超越的。

这句话的意思是说，问题从来不能被真正解决掉，但当你拥有足够成熟的人格时，问题自然就不存在了。

这就好比你从山下遥望山顶，你觉得山顶好高啊。当你一步步攀爬，到达山顶，把山顶踩在脚下的时候，山顶的高就不存在了，你比山顶要高。

就像那位大姐，当她无所畏惧，感觉哪怕一个人也能活得很好的时候，她就能把婆婆“请”出自己的地盘去，根本不用浪费脑细胞。因为婆婆的干涉对她来说已经不是问题了。

短时间内自我成长得如此之好，实属难得。关于这点，我问过这位大姐，大姐说：“接受很重要，没有接受就没有成长。”

我觉得她说到了点子上。

一件坏事成为我们的坎，让我们始终过不去，不是因为这个坎有多难过，而是我们不能接受自己的黑暗面，即荣格所说的“阴影”。

阴影是一个物体光明的背面，只要有光明，就会有阴影。

光明是人的意识或可接纳的部分，这是很小的一部分。阴影是人的无意识或不能接纳的部分，这是大部分。当一个人只承认他的光明部分的存在时，就相当于他的阴影部分是被分裂出去的。然而光明和阴影乃是一个整体，看不到或不被接纳的那一部分被分裂出去之后，这个整体就不完整了，能量也会被削减。所以，过坎的时候就会能量不足，以致过不去。

当充分接纳了阴影之后，人才算得到了他本应具有的能量，那是不可知的部分，谁也不清楚这部分能量有多巨大。

我曾经做过一个梦，这是一个不断重复的梦。什么场景呢？一个场地的西北角部分是我最恐惧的地方。这个场地有时候是我小时候住的家属院，有时候是我读书的学校，有时候是个陌生的地方，不管哪个场地，我从来不敢靠近它的西北区域。但在最后一个重复的梦里，我不得已壮着胆子靠近了那个区域，因为我站在楼上看见不远处有人偷我仓库里的东西。我马上下楼，心里想着如何快速到达仓库。我需要绕过一面墙。但还有一条捷径，即在小区的西北角那里直接翻墙而过，只要翻过墙，墙那边就是仓库了。于是我心惊胆战地靠近西北角，越走越近，我慢慢发现其实并没有什么可怕的，那儿只不过是一个厕所。

那个厕所的卫生状况还可以，只是有点简陋，就像农村的那种露天厕所。厕所里面很宽敞，只有一个蹲坑，没有门。厕所的墙很矮、很厚，并且呈现阶梯状延伸至高墙。我心里大喜，很轻松地就沿着厕所的墙壁翻过去了。这让我节省了很多时间。当我到达仓库时，小偷已经不见了。他并没有偷走我的东西，只是把它们藏到了一个柜子里。我打开柜子，发现里面全是些用不着的东西，上面落满了尘土。其中有个小箱子，我打开以后看见里面有个灯罩，是新的，用透明塑料纸包裹着。

几乎在醒来的瞬间，我便知道自己的心态已完全不同了。

我克服了恐惧，我接受了它，它就不可怕了，所以它能助我一臂之力，帮我翻越高墙。在高墙外的仓库里，我找到了我的灯罩，那是保护我的信仰（灯）的东西。

果然，从那以后我再也没做过那样的梦。

我想说的是，想要解决一个问题，就要做到接纳。不是接纳这个问题，而是接纳自己的黑暗面。可以这么说，问题正是因为不接纳才凸显出来的。

话又说回来，我们为什么难以做到接纳？是因为黑暗的部分令我们恐惧，我们会认为那是不好的、糟糕的、令我们羞愧的。可是让我们体验到不好、羞愧、糟糕之感受的原因并不是那些东西真的很坏，而是不符合我们的某些认知标准从而变得让我们难以接受，才变得很坏。

如果接纳了呢？坏的就变成了好的，或者相对不坏的。那些因不接纳而被驱逐出去的部分，相当于一个整体被削减了二分之一、三分之二，甚至更多，哪里有被接纳而整合的整体更有力量？

只有不被照到的地方才会有阴影，如果打上一架无影灯，就没有阴影了。这个时候你看到的就是事物的全貌，那种清晰感、掌控全局感，会不会让你有发自内心的震撼？

当我们发现自己有难以解决的问题时，不妨停止焦虑，因为问题的存在不是为了被挑剔，而是用以探究到底发生了什么。一挑剔，问题就被压抑了。假如抱着探究的态度，放松心态，就能接纳那些不被接纳的黑暗。接纳了黑暗，才有机会看清黑暗里到底有什么。

看清、理解了黑暗里的内容，你会恍然大悟：原来是这样啊，真的没有什么是绝对难以接受的，真奇怪以前我为什么那么排斥这些。然后你会有打通了任督二脉之感，能量瞬间就提升了。

愿我们用勇气或者幽默感去面对生活中难以接受的东西，把一个一个问题超越过去。

CHAPTER 2

第二章

我们要赢的，是自己

赢别人，不如赢自己

“我要赢”这三个字，时刻充斥在我们的工作、生活中，大到争抢升职名额，小到同学聚会穿哪一身衣服。就算“人”输了，也要输人不输阵，气场和面子要硬挺。

唉，真累！

别不承认，假装自己没什么得失心，是纯粹的“佛系”青年。别的我不确定，就问你一句，你有“下班焦虑症”吗？不是因为快要下班工作还未做完焦虑，也不是因为下班后还要继续加班焦虑，而是一天工作结束后，当你在家躺倒时，此刻反而开始焦虑。

我们身边一定有这样两类人：一类是小镇青年，我称这类人为“955”（“955”是指每天早上9点上班，下午5点下班，每周工作5天）。他们生活在三四线城市，做着一份朝九晚五、稳定的工作。下班有时间做饭、健身、遛狗，从最新的娱乐和社会新闻到最火的电影、电视剧，他们无所不知，谈资丰富。他们不太会为“如何平衡工作和生活”这样的问题犯愁。当然，KPI（关键绩效指标）、创业、融资这样的词语也不会从他们嘴巴里说出。

这样的小镇青年是很多长辈眼里的“人生赢家”，工作稳定，五险一金齐全，周末可以全家自驾游，不太操劳，生活美好。

但身在福中的他们会和你抱怨他们的焦虑：都说“下班后的2—4小时决定你未来人生的高度”。我下班后时间倒不缺，但就是没什么动力干“正事”，周围的人都如此，总觉得在虚度生命。

另一类是“996”（“996”是指每天早上9点上班，晚上9点下班，每周工作6天）生活的一群人。他们几乎没有完整的双休，节假日身在景点也不忘项目，办公室才是他们的家。看到朋友圈里有人健身打卡，有人烘焙，有人一杯清茗配书雅坐，他们也想。但到家后结局通常是脸都懒得洗，倒头就睡。

被工作结结实实包裹着的他们在下班后也会和你抱怨：都说“毁掉一个人最快的方法就是让他忙死”“让他没时间学习”，工作让我这般充实，我却如此心慌。

“955”“996”们，无论是闲、是忙，回归到业余生活中，难免下班焦虑：闲的人怕温水煮青蛙，忙的人则是疲于应付。可无论是“955”还是“996”，不同的世界，却“共享”下班焦虑。

下班焦虑症是这个时代出现的集体“病症”。在网上搜关键词“下班后”，跳出来的都是这样的问题：

“在每天下班后都很累的情况下，如何做到利用下班后的时间去学习？”

“一个人下班后应当干什么？”

“放弃娱乐，将下班之后和周末时间全改为‘充电’，是不是太极端了（可见有人是全程‘充电’的）？”

放弃娱乐、利用好时间学习是我们真实的生活写照。而父母一代下班后的“节目”是喝小酒、下棋、侃大山。他们赚得不多，焦虑也不多。到了我们这一代，即便你拼成了“007”（全天24小时工作，每周工作7天），还是会对自己发出“灵魂拷问”：“休息、娱乐是不是罪？”

更恐怖的是，当你咬牙“充电”时，网上会跳出一堆喜欢回答问题的人告诉你：

“活在这个世界，这才是常规操作，有什么极端的？不要自己感动自己。”

“学习也是种娱乐。”

“当代人就该有这样的觉悟。晚上七点半下班后坚持看两小时书，周六、日也都在看书、学东西。这才正常！”

而当你搬出“人生苦短，及时行乐”这样的想法让自己放纵一下时，“鸡汤文”就会把将业余时间用到极致的榜样们“甩”到你面前：

爱因斯坦一边在专利局做小文员，一边读博，一边带娃，常常一手抱着娃，一手推导公式，然后还利用业余时间搞科研。最后，1905年——被称为“爱因斯坦奇迹年”——他在《物理年鉴》上发表了5篇划时代的论文。

还有恩格斯，在父亲创办的公司里经商，利用业余时间去搞社会调查和科学研究，写成《英国工人阶级状况》一书，最后成为马克思的好搭档。

如果说天才和导师的例子难以复刻，那我们再说个接地气的例子。刘慈欣，曾经是平凡的电力工程师，利用业余时间写科幻小说，最后拿到了雨果奖。

有句话叫“功夫之外见文章”。如果说职场是我们的第一“战场”，显然，职场之外的业余生活已成为我们的第二“战场”。太多文章、励志书在告诉我们，时间是公平的，但用法是不同的。确保职场之外的时间能够被高效利用，你才有可能博得一个美好的未来。

果真如此吗？下班后的N小时，就像身上的细胞一样，能“推陈出新”，让你在若干年后的某一天焕然一新，成为“升级”后的自己吗？这些做法，能让我们越来越好吗？

当然，我承认坚持把时间花在刀刃上，确实会让我们成为更好的自己。但这里有一个问题需要注意：你的“充电”是有计划的，还是因从众心理临时起意的？

从长远来说，你下班“充电”和你最终想成为什么样的人应该有关；从近处来看，它应该与你的升职、跳槽、转行、赚更多钱有关。而现实中，不少人的“上进”不仅是间歇性的，更是出于盲目从众心理的。

我统计了一下朋友圈里打卡学英语的人，有“宝妈”、培训师、编辑、健身教练、微商、视频剪辑师、民企薪酬经理、BAT（百度公司、阿里巴巴集团、腾讯公司合称）程序员……我不能说学英语对他们的人生没有帮助，但是否每个人都清楚学这门语言对自己的职业发展有多少助益？（有兴趣的不算，出于兴趣去学习也不能称为“充电”。）

坚持把时间花在刀刃上，确实会让我们成为更好的自己，但无法保证能够改变我们的人生。因为努力可以改变人的自我部分，但不能改变社会部分（关于这点此文不讨论）。更重要的是，把上下班割裂开，认为只有下班时间才能改变人生际遇，这种想法本身就有问题。我始终相信，作为职场人，想要成为更好的自己，第一优先级始终在“功夫之内”。

正如畅销书作家古典说的：“很多人的模式是，不喜欢上班，就单独搞一个未来，弥补下自己痛苦的生活——上班痛苦赚钱买自由，下班用自由买快乐缓一缓，第二天继续痛苦上班赚钱……”

长此以往，这种想法会让你越来越轻视自己的工作，投入和效能都会越来越少。可这份被轻视的工作，占据你一天三分之一甚至更长的时间，如果不将其最大化利用，无论几小时高质量的下班时间，终究无法弥补。

所以，正确做法应该是：少搞上下班“分裂”，抓住上班时学习和练习的机会。工作当下就是“功夫之内”，它提供了“学习—反馈—修正”的最好场所，是我们最该抓住的机会。

一方面，你要在工作中尽快理清工作所需的核心业务能力是什么。比如我有位朋友在某单位安全质检部门做工程师，一开始他以为作为工程师自己的核心业务能力是技术，于是他买了很多专业书，打算利用业余时间“啃”书，报考这方面的专业证书。后来才发现自己的核心业务能力是如何写好一份公务文书。他的工作需要专业技能，但更重要的是要把每一个经手的项目写成专业、标准的报告让上级、甲方审查。所以他开始在工作中尽量多看优秀文书报告，抓住机会向资深项目人员询问他们在报告中想要传达的信息、要求。

另一方面，在了解核心业务能力之后，你的下班“充电”时间应用来巩固、强化核心业务能力，与上班时间形成一个良好的闭环。就像这位朋友，他把下班“充电”的目标调整为去熟悉所有的安全质检条例，而非“死磕”那些证书。

当然，比起利用好上班时间，不盲目“充电”，更重要的是，我们要明白，和别人争输赢除了证明自己缺失目标，没有一个笃定的“内核”外，是毫无意义的。说到底，与人斗也许其乐无穷，但与己斗才能让自己真正地进步。

赢的人都相信自己

我父亲最爱和我讲的一个故事是关于他的同事林先生的，二十多年来我听了不下百次。

四十多年前，林先生被分配到我父亲所在的厂子，成了一名工人。那是一家大型国企，稳定，待遇尚好，是很多人梦寐以求的工作单位。厂里的工人们和我父亲一样，上班时出苦力干活，休息或下班时大家聚在一起打扑克牌、下象棋，其乐融融。能分配到这里工作，按理说应该知足，而林先生却显得格格不入。

大家都在打牌、下棋时，林先生总是在一旁看高数、背英语单词。这样的举动难免遭人嘲笑，可他依旧按自己的节奏来。他的亲弟弟倒是很合群，没事儿就跑来厂里找大家玩。爸爸说，印象中他记得林先生训斥过一次弟弟，大意是这么好的时间不抓紧学习，以后有你后悔的。

没几年恢复了高考，林先生如愿考取了理想中的大学。后面的故事你大概也猜得到：大学毕业后他去了牛津深造，毕业后留在英国的一所知名高校任职。林先生成了专业领域里首屈一指的人物。而他的弟弟，以工人的身份一辈子工作在那个厂子，苦熬到退休，拿着微薄的退休金度日。

这类逆袭的故事我们肯定听过不少，但真正发生在自己身边时，我们才会由衷感叹：在同样的时代和家庭背景下，像林先生和他弟弟这样相似的两个人，身处同样的环境，为什么命运却如此截然不同？

● 志向高低决定平台高低。

一个人逆袭成功的因素有很多，比如努力、决心、能力。但首先取决于他有什么样的志向，因为志向决定了你如何看待目前的平台。低谷对有些人来说是平地，对有些人来说则是深渊。对于一个认识到自己正身处低谷，想走出它的人来说，必须怀有比这个低谷里最厉害的人还努力的远大的志向。

这就好比如果你的志向仅限于和别人比赛谁在超市能抢到最多的打折鸡蛋，即便你是冠军，也只是赢得了一场和别人抢鸡蛋的比赛。可如果你的志向根本不在此，你压根不会走进超市。

所以，不要为了竞争而竞争，不要为了努力而努力。你所有的竞争和努力首先应该指向为自己设置一个更大的格局、更高的目标。

知乎答主“巴赫爱喝胡辣汤”曾问过：假如你现在是一个便利店的店长，而你从小热爱写作，有一定文笔基础，你心里一直隐隐约约有一个愿望，想成为一个作家，那么现在可以怎么做?

也许你会说我可以利用闲暇时间先打好基础，比如增加阅读量、锻炼文笔，从长计议慢慢来。但最好的办法是“直接活在一个作家的状态里”：有每天固定的写作时间，有自己固定的作品输出平台，积极投稿，自己弄一张电子名片去介绍和展示自己，像一个真的作家那样去写出有深度和新意的文章。

● 每一个华丽的逆袭都离不开默默地坚持。

设定好高于目前身处的平台的目标后，最主要的就是坚持——不是顺境中按部就班的、依靠自律的坚持，而是那种不会因为环境变化、他人质疑而动摇和改变的坚持。

在这方面，我很佩服刘备，因为他在人生落魄到卖草鞋的时候，想的依旧是如何匡扶汉室。

纵观刘备的一生，你会发现他的大半生都在东奔西走，过着颠沛流离的生活，48岁时都没有占据片瓦之地，没有基业。要知道那个年代60岁已经是高寿了，刘备的状态就相当于现在一个人奋斗了大半辈子，到了六七十岁还没有什么产业，然后却说要超越阿里巴巴，超越马云。听上去很天真，可也正是因为这份矢志不渝，他才会在卖草鞋时慧眼识英雄，发现了关羽、张飞，因此有了史上最有名的一次拜把子——桃园三结义，之后青梅煮酒论英雄、三顾茅庐、成为三国时期蜀汉开国皇帝的系列故事才会发生。

不过，当我们下定决心去坚持某件事情的同时，也别忘了告诉自己：坚持未必就会有回报。

我有一个朋友辞职创业，每天过着除了闭眼睡觉的四五个小时外（有时做梦也是在工作），时刻都在拼命的生活。很不幸，他没能成为“风口上的猪”，第一年亏了十几万。快到山穷水尽时，他听到了马云著名的“今天很残酷，明天更残酷，后天很美好”的豪言壮语，又死撑了一年。我们以为之前已经是拼到极致了，没想到这一年他还能更拼：通宵做项目书，和投资人死磕，用严苛到公司员工几乎要和他反目成仇的态度做产品……

一年后——他再次亏了十几万。最终他成了马云那些金句里的最后一句——“但是绝大部分人死在明天晚上”，没能看到后天美好的太阳。

现实不是热血漫画，我们不会像本来“吊车尾”的主角，在作者画了两话的特训后，一下成为优等生；现实也不是童话故事，不会出现惊喜的转折，没有善良的拯救，更鲜有圆满结局。现实是，有可能很努力和坚持后依然没有回报。只有认清这个现实还愿意往前走的人，才有可能真的实现逆袭。

“默默地努力和坚持”并非提倡蛮干。坚持做一件事应该包含预判、尝试、反馈、调整、深入等，形成螺旋上升的轨迹。没有这个过程，你的坚持和努力就是无用功。

古川武士在《坚持，一种可以养成的习惯》一书中提到的培养习惯的3个时期分别是：

反抗期——困难重重，很想放弃；

不稳定期——容易被环境所影响；

倦怠期——提不起劲，感到厌烦。

书中指出，不同的习惯培养所需要的时间不同：对于行为习惯的培养大约需要1个月的时间，例如读书、写日记、整理、节约等；对于身体习惯的培养，诸如减肥、运动、早起、戒烟等则需要3个月；对于思考习惯的培养，例如逻辑性思考能力、创意能力、正面思考等，大概需要6个月的时间。但培养习惯的3个阶段，也就是上面所说的3个时期的周期一般为1个月的时间。也就是说，培养一个习惯要过3个阶段，这3个阶段的时间大概是1个月，过了3个阶段，后续习惯的持续进行精力相对来说就会花得很少。

阶段一：反抗期（第1天至第7天）。

针对反抗期，有两个具体对策：以“婴儿学步”开始，简单记录。

“婴儿学步”的对策指的是不要大规模进行改变，从小处着手比较好，比如想学英语，可以从每天先学15分钟开始，不要上来就几个小时，那样会学吐。

“简单记录”的对策其实也是培养时间管理的一种方式，可以以15分钟为单位，详细记录时间的运用状况，持续观察两周。

此阶段还有3个原则：

第一，锁定一项习惯（不要同时培养多项习惯）；

第二，坚持有效的行动（行动规则越简单越好）；

第三，不要太在意结果。

阶段二：不稳定期（第8天至第20天）。

在不稳定期最主要的就是会受外在环境的影响，建立“持续行动的机制”是最重要的。对策有三：行为模式化，设定例外规则，设定持续性开关。

“行为模式化”：指把自己想培养的习惯化为固定的模式（时间、做法、地点）并认真执行。

“例外规则”：再周全的计划一整个月遵守也是困难的。对不规律发生的事预先制订应对规则的弹性机制就是例外规则。例外规则不是宠溺自己，而是为了让计划保持弹性，自己也能更好地坚持。

“持续性开关”：每个人的持续性开关各不相同。书中举了12个持续性开关的建议，大致分为两类，一类是糖果性开关（快感），另一类是处罚性开关（危机感），看自己适合哪种。

阶段三：倦怠期（第21天至第30天）。

倦怠期是“习惯引力”最后的反抗，一般会出现感觉厌烦、提不起劲、感受不到培养习惯的意义、因一成不变而产生空虚感等。其实这个阶段自己已经开始适应新习惯了，习惯引力为了维持现状而设法抵制你所做的一切，做出最后的反抗。这个时期一定要谨慎对待，有两个对策：添加变化，计划培养下一个习惯。

“添加变化”：一直持续做一件事情，会感觉到单调乏味，所以花点心思添加变化很重要。如打算学习英文，就准备不同的教材；打算跑步就经常变换路线；打算减肥，就在菜单上添加各种创意；等等。

“计划培养下一个习惯”：思考下一项要挑战的习惯，并开始拟订计划，定好培养习惯之后的努力目标，会不断增加好习惯。若想要得到丰富的收获，持续播下“习惯的种子”是必要的。

用心、行动、等待

小静出生于四线城市，毕业后来到上海找工作。她奋斗了5年，当中经历了记不清的节假日加班，40℃的高温下挤一个多小时公交车去上班，一开灯就能看到蟑螂四散的地下室里住宿的种种艰辛。5年后，她终于能拿着一份看得过去的薪水，不算委屈地生活了。大城市生生不息的繁荣、衣食住行的便捷以及相对公平的机会让小静打开了眼界，她认定上海就是此生安居乐业的第二故乡。小静心中的蓝图是创办自己的公司，让自己的孩子上得起国际学校。

小丽同样生长于四线城市，毕业后也来到上海找工作。在上海工作的一年里，她见过陆家嘴的车水马龙，看过淮海路鳞次栉比的名牌店铺，体验过搭乘一小时高铁就能去西湖边看风景的便捷。可是，一年后小丽还是离开了上海，回到了那个让她更如鱼得水的偏远家乡。她和小静看到了一样的风景，终究还是觉得所谓大城市也就是那么回事。小丽心中的蓝图是在家乡有一份收入不高但稳定的工作，让自己的孩子考得进当初自己就读的市区重点学校，然后去大城市好一些的大学读书，毕业后再找一份安稳的工作。

且不论二人将来谁会生活得更幸福，毕竟幸福指数不绝对取决于城市，只是她们都在大城市见了相同的世面，打开了所谓的眼界，为什么选择和发展平台会如此不同？

所谓的眼界，充其量只是你看到的一场风景，它并不能决定你人生的高度。只有把看到的风景记在心里，印在脑海里，付诸行动，才能决定人生的高度。

这就好比人人都说自己喜欢旅行，能对去过的地方如数家珍。可是，当你问他那里最具特色的风景是什么，哪些景致最打动你时，少有人能说清道明，因为他们把眼中的风景都留在了相机和微信朋友圈里。

所以，不是行过很多山山水水就能成为旅行家，不是闻过很多书香就能成为书评人，不是尝过很多餐厅就能成为美食家。当我们对事物的态度是浮光掠影时，它们回报的也只能是惊鸿一瞥时的震撼和惊艳，随后余波渐渐消失，最后什么都不会留下。

说白了，人生最需要的不是体验和见识，而是能耐得住性子往下沉的态度。

所谓“耐得住性子往下沉”具体来说就是三个词：用心、行动和等待。

我们都听过格拉德威尔的“一万小时”定律，就算我们真的能对某件事持之以恒5年，但大多数人付出的不过是重复，这也是为什么父母做了几十年饭，它们最终也只能成为你“小时候的味道”，而不是“舌尖上的中国”或入选米其林。你不能说父母不用心，只是大家都习惯了用熟练去代替思考。毕竟，熟练能带来安全感和舒适感，正常人不会没事找事去挑战自己。

所以，一万小时不是重点，关键是前面是否有“用心”这个词，当下流行的说法就是“刻意练习”。

关于这方面有位知乎答主做过很好的诠释：

“首先，刻意练习的目标就是要让自己成为顶尖级的专家，要有为此而努力的精神动力。如果你仅仅是喜欢这种活动，仅仅靠爱好支撑，而不是以顶尖专家作为目标，在一些反复的训练之后，你的爱好可能会被耗尽，而刻意训练的过程常常是痛苦的、枯燥的，可以说是磨炼。如果没有足够的精神动力，可能很难坚持下去。刻意训练一个折磨人的原因在于，它迫使你一直处于认知阶段，在这个阶段，你得不停地关注并且努力提高自己的训练效果，而无法进入无意识阶段。”

刻意练习就是训练你的经验系统，通过训练，你可以在无意识状态下行动，并且在相应领域内不用集中精神就能进行更高水平的思考。

刻意练习当然包括一些重复性的训练，但又远不止于此，它需要你以更加严格刻苦的训练来突破水平的瓶颈。它和普通的重复性训练一个很重要的不同在于反馈，即需要有专业人士的指点。

全球畅销书《最好的告别》的作者，也是2010年“全球最具有影响力100人”中唯一的医生阿图·葛文德曾经描述，自己工作多年之后，虽然已经达到一定水平，但总感觉还不够满意，感觉总是突破不了上升的瓶颈。于是他自己出钱雇了一位退休的资深外科医生，请那医生在自己手术时在旁观看，然后给出批评意见。结果发现，其实自己在很多细节上都是有上升空间的。

寻求反馈的目的就是把理性判断内化到你的直觉中，而你的直觉很难发现自己的问题，所以就需要专业人士来指出。

至于行动，就更好理解了，你得“踏破铁鞋”后，才有资格去感叹那句“得来全不费工夫”。

我个人是非常推崇“行动至上”的，哪怕是带着一些莽撞和迷茫的成分。因为我不相信有思虑周全这回事，不相信有完美主义（我相信接近完美主义），不相信万事俱备。我们的整个人生就是一场持续的战斗，因为谁都不会善待、眷顾我们到不需要我们付出行动，仅凭思考就能把密钥交给你的地步。

我非常信奉一个公式：解决问题=彻底动脑的思考力+不辞辛苦的行动力。

可很多时候我们只做到了等号右边的第一个。

回忆一下：想提高自己的效率，于是研习了一堆时间管理方法，从待办事项列表、周计划到番茄工作法……你每天的计划都如期完成了吗？想好好吸收书本里的知识而不只是泛泛一读，于是钻研学习了一堆做读书笔记的方法——康奈尔笔记法则、思维导图、涂鸦笔记，然后你真的吸收了每本书里的精华吗？

为什么读了那么多方法论、干货，还是两手空空？原因很简单，因为我们只是思考了、学习了，然后就结束了，往往缺少了至为关键的一步——执行。

生活和工作是在我们每天解决诸多大小问题中进行的。解决问题的过程永远应该包含两部分内容：想和做。但受现在社会大趋势影响，我们往往更容易去做个四体不勤的“思想家”。

所以，求谁都不如求己——既要求自己的大脑，更别忘了躯干和四肢也要跟上。

有了用心和行动打底，剩下的事就是等待。

这个论调听上去有些悲观，但换个角度想，谁能确保我们的用心和行动方向就是正确的呢？总需要让时间去验证吧。

不要沉迷于立竿见影、速成、一夜成名或暴富这些神话，否则，我们会把自己逼得要么发疯，要么放弃，要么走上歪门邪道。我们需要做的不是投机而是抓住时机，是在碰上时机前和遇到时机后的日子里，心平气和地锻造自己。

用心、行动、等待，这三个词真是老生常谈了。但它们之所以还能在我们的生活里频频露面，我想还是因为虽然道理都懂，可我们就是过不好自己的生活。而更重要的原因是，我们总喜欢用“眼界”这个听上去高端的词去掩盖它们，以为有了眼界就能无敌。其实，能收获美好人生的人，哪一个不是用细细碾磨、苦心经营换来的呢！

越早吃亏，越早成熟

一个周末的下午，我和佳姐通电话，一小时聊下来，我感觉自己和她的差距太大了。

佳姐担得起“优秀”二字，跳槽到新公司用了不到两年的时间，年薪已经拿到40万，级别从一个小顾问升到手下有十来个人的中层管理，今年又被提拔为区域总监，用了别人一半的时间达到了与别人相等的高度。佳姐的老公也是“不甘落后”，跳槽到新公司后成为部门领导，直接向董事长汇报工作，年薪比在之前的公司翻了一倍。

两口子上班各忙各的，下班回家在书房面对面继续各自忙各自的，累了就来个鼓励的亲吻，节假日带着女儿出国游玩，长见识，典型的幸福家庭生活——事业有成、物质丰盈、家庭和睦。

想想两年前和佳姐吃饭时，她还是一副愁眉苦脸的模样。那时，她在原公司工作得不开心，说白了就是薪资辜负了她的能力。那是她的第一份工作，一干就是7年，论感情，论熟悉感，都不是能轻易下定决心说走就走的。更让人郁闷的是，那时的她还和老公两地分居。

佳姐老公刚毕业就进了一家人人都羡慕的世界500强，行业好、福利佳，只要不做出出格的事，一辈子安安稳稳地做下来，退休金每月轻松5位数不说，退休时一次性领走的6位数的养老补助金就够好多人羡慕。更何况她老公工作表现一直不错，部门主管外派他去了边疆地区，其实就是升迁前的下基层锻炼，待够一年就能升迁调任回来。这对在单位里没有任何靠山的他们而言，简直是天大的好机会。自此，小两口就开始了熬人但有盼头的异地生活。

满一年时，领导说政策有变，以前边疆地区锻炼一年的规定现在要延长到两年。反正一半都熬过了，两个人决定再坚持一年。有些事咬咬牙总能过去，第二年的时光就在两口子来回奔波的飞机上慢慢悠悠过去了。果然，佳姐的老公收到调令被调了回来，不过调令是他新上司发的，新上司那个位置原本应该是他的。也就是说，分居两年，除了赚到些“芝麻”补助外，本该到手的那个“大西瓜”在“瓜熟蒂落”后被别人抱走了。

这样的结果让佳姐的老公跳槽去了一家同行业的咨询公司，然后就有了上面提到的那些升职、加薪的事。

佳姐说，这个亏吃得值得！

中国有句话叫“吃亏是福”，我觉得如果能趁早吃亏，那是大福。

说起“趁早”二字，最著名的要数张爱玲的那句“出名要趁早”了。从小到大，我们总希望那些有用的事、好事都能尽快在自己身上发生。

上学要早，因为万一复读，年龄上有优势。

到校要早，因为一日之计在于晨，头脑清醒，学习效果好不说，还能博得老师的好感。

睡觉要早，因为早睡早起才能身体好。

当家要早，因为知道了柴米油盐有多贵，才能明白生活的不易。

生娃要早，因为身材容易恢复。

发财要早，因为怕追不上父母变老的速度。

……

所以，我们的一生就是一场你追我赶的马拉松，生怕落在别人后头。

其实，我挺喜欢这种火急火燎的成长方式，它带给我一种生活奔腾不息的感觉。虽然不是所有的事情都适合“趁早”，比如衰老、死亡，也不是所有的事情都可以如你我所愿就能“趁早”，比如发财、出名、好运气。既然“吃亏”无法避免，还不如早点儿“用掉”的好。

我觉得“吃亏要趁早”是这个世界非常有诚意的一句话。没有智慧、不跟你掏心窝子的人是不会轻易说的。

你越早经历那些遍布在周遭的险情，才能越早明白涉世之艰，逼迫自己去练就一副火眼金睛、铁打金身，从此让后面的路多些一马平川；你越早经历那些不怀好意的人心与伪善的感情，才能越早明白谁是能够于患难中安心托付的那一个，谁又是此生再无必要往来的那一个。

我大学好友小妮就是在遇到坏男人后才找到了现在的真爱。

小妮和这个坏男人相识于网络，在不同的城市上学，他是小妮的初恋。做这个背景交代，是希望你能对小妮接下来的愚蠢多点儿宽容。毕竟情窦初开的少女在第一次的感情经历中犯傻是一件被允许、被容忍、被原谅的事。

一般坏男人的那些劣迹——动辄玩消失、态度冷淡、和女生搞暧昧，这个男人一样不落地都来了一遍，套路重复、剧情雷同，就不赘述了。之所以说他“奇葩”得像个传说，是因为这个坏男人有三件事一再刷新我的下限。

第一，小妮去他所在的城市看他，坏男人不带她见任何朋友和同学，衣食住行所有费用都是小妮自理。

第二，坏男人会以五花八门的理由问小妮借钱。可这边坏男人借着钱，那边小妮就在与坏男人搞暧昧的女生的QQ空间里看到她秀的礼物——今天亲爱的给我买了这条项链，真是百搭啊！并配了一张坏男人和她的逆光侧脸照。

第三，分手几个月后，坏男人在电话里说自己得了癌症，小妮信以为真，伤心欲绝，第二天就坐飞机去诀别了。结果，坏男人红光满面地出现在她面前。原来坏男人和另一个女孩分手了，打着“非常想念小妮”的旗号，实则是因为无聊和缺钱花，才把她骗了过来，想让她陪玩、陪吃，当然全由她买单。

好吧，我知道你们肯定会忍不住吐槽小妮，因为这事我也没少做。可是，作为好友，最多也只能用“年轻时，谁还没遇过几个坏男人”来安慰她。不过也多亏了坏男人，在之后的恋情中，对方人品如何，有什么花花肠子，小妮都“嗅觉灵敏”，该骂就骂回去，该分手就分手，真是上可小鸟依人，下可理智成熟。而她也正是因为这份比例恰好的“矛盾”，遇到了现在的老公。每次看到微信朋友圈里她靠着老公的肩膀笑得毫不设防、灿烂无比的样子，我就感叹那个坏男人也算是行善积德了。

郭德纲说过一段话，大意是：活得明白需要的不是时间而是经历。

所以，既然我们无可避免总要吃亏，那还是趁早来得好。

你早点在钱财上吃亏，才能更早明白天上不会掉馅饼的道理。

你早点在人情上吃亏，才能更早明白求人不如求己的真谛。

你早点在感情上吃亏，才能更早明白什么是真爱。

你早点在健康上吃亏，才能更早明白“身体就是本钱”这句大实话。

……

没有谁的一生会一直顺风顺水，早点吃亏，早点长记性，早点把“玻璃心”换成“钻石心”，早点学会处变不惊，以后再碰到旋涡暗礁，才不至于磕得头破血流，失去翻身的机会。所以，下次吃亏时不妨想想还好是现在这个年纪，还好一切都来得及。

管理时间等于管理自己

对于我这样一个非常讲求效率又非常容易觉察到时光易逝的人来说，在没有做正经事的每一秒，或者休息的每一刻都觉得我是在对自己的人生犯罪。也许正是因为抱有这样的观念，我才如此厌恶睡觉这件事，总幻想着某天能发明一种药水，可以让人一直醒着却还不觉得劳累就好了。

说起睡眠，插个题外话。现在很流行“睡商”这个词，意思是指一个人的睡眠质量和其智力及健康状况的比例。我在网上找了一圈也没发现这个概念源自何处，其中所谓的“美国学者提出”中的学者究竟是谁，也没有明确的答案。这里暂且就先承认这个定义的合理性吧。

“睡商”和各种其他“商”一样，也有高低之分。“睡商”高的人，他们的统一标签是身体健康、精神焕发、皮肤光亮、思维敏捷。而“睡商”低的人则有如下种类划分。

第一种，睡眠轻视族：认为睡觉是浪费时间，该睡觉的时候，可以看书、工作、娱乐、喝酒……总之就不睡觉，毕生与“睡魔”做斗争。

第二种，主动不眠族：生怕别人说自己“怎么睡那么早啊”，所以就是不睡觉，视深夜两点以前入睡为可耻。主要是怕自己睡得太好成为异类，最终想睡好也不行了。

第三种，失眠恐慌族：最担心和别人一样失眠，偶尔一次睡不好就情绪紧张，害怕失眠会让生活不顺，其结果可能由业余睡不好向失眠转正。

第四种，睡眠挑剔族：因为可能发生的一切睡不好，有各种顽固的睡觉旧习，适应新环境和任何改变需要漫长的时间。

第五种，睡眠牺牲族：被动失眠的最主要体现。往往是陪着别人不睡，为了别人的利益，牺牲自己的睡眠时间。

我有点接近第一种表现，但绝不会因为娱乐消遣、无所事事而牺牲睡眠。我只是单纯认为睡觉是浪费时间的，希望能把时间用来做更多“正事”，比如工作、读书、提升技能、锻炼身体。可有时候也会质疑一下自己的判断：为什么这些事就非得是人生中的“正事”？

在很长一段时间里，我都把时间管理看作技巧问题，所以尝试过各种管理时间的方法。比如，我给手机设置了25分钟的定时，让自己专注在这个时间段内把一件事情做好，不受其他事物的干扰；我列出每日待办事项列表，按“要事第一”的概念去排列顺序、努力完成；我记录自己做每一件事情的精确时间，然后每晚睡觉前盘点，看看哪些时间还能够被压缩。

除此之外，我还热衷关注各种流行的、经典的时间管理工具。比如用Left（一款用于记录人生剩余时间的应用程序）这款软件来提醒自己的一生已经走过多少小格子，可能还剩多少小格子，以此来提醒自己珍惜时间，不做无用的事；或者用Forest（一款专注于生活中每个重要时刻的应用程序）这款软件来逼迫自己专心致志，不到自己设置好的25分钟绝不去看手机；更不用说把苹果内置的一套完整的时间管理软件——日历、提醒事项、备忘录用得得心应手了。

事实证明，时间照溜不误，对浪费时间的心虚和内疚感却很难减少。

为什么掌握了那么多时间管理方法，运用那么多时间管理工具，还是不会管理时间？

很简单，因为时间管理根本与技巧无关。

时间管理当然有“捷径”可循，书店里上兜售的那么多“方法论”总会有一些用处。每个人都可以摸索出一套自己的时间管理方法。不过我在尝试过诸多时间管理技巧和工具后，最终还是全部放弃了，原因有二。

第一，那些方法让我很难坚持下去，也许它们对有些人很奏效，但对我却是负担大于效果。

就拿经典的“番茄工作法”来说吧，设置一个25分钟对我来说有时根本不够用，见客户、开会、团队讨论时，我无法突然叫停说“设置的25分钟到了，我要休息3—5分钟”。

第二，使用时间管理工具往往会浪费更多的时间。

本来随手一记就可以解决的事，现在却要打开手机，进入App，在上面输入待办事项，设置好最后日期，完成后还要记得去点一下显示“已完成”状态，一个流程下来感觉形式感大于实际意义。

最好的时间管理技巧用起来一定是得心应手、不耗费额外精力的，所以我放弃了那些经典方法、流行工具，摸索出了属于普通人的时间管理之道，主要有三点。

第一，追求记录的便捷性而非工具。

我有一个随身携带的小本子，比手掌略大，然后把待办事项（比如上午10点开会、下午2点给客户A打电话）、重要事情（今天一定要提交年终总结、约了中午11点去医院检查）、容易忘记的事（取快递、上网缴电费）一股脑儿全记录在上面，每页只写一件事，而非把事情都罗列在一张纸上。这么做有一个好处就是如果突然发生意外，可以在那页纸张的空白处继续追加对此事的跟进情况。当该事完成时我会把这页纸的一角折起来，提醒自己不用去翻看了。

当然，我不可能时时刻刻和这个小本子形影不离。当它不在手边而又发生了一件需要记录的事情时，我会发信息或微信消息给自己（毕竟手机和我们几乎是形影不离的），提醒自己把这件事记录在案，确保不会遗漏。

第二，小事必须多任务处理。

我有一个原则：做正经事、大事时尽量留出整块时间，争取一口气完成。无论是三小时、半天还是一天，如果这件事需要你花时间，耗费脑力和精力才能完成好，那就一定为它留出尽可能多的时间，而类似一些不需要走心、无须花费太多脑细胞的小事一定要秉持“多任务原则”去做完。

工作和生活中有很多这类小事可以搭配组合去完成，比如：接听不重要的电话+看邮件（不是回邮件），开“形式主义”的会议+在脑海里构想项目的PPT框架，洗衣服的时候+听电子书等。

关于这类小事，它应该符合这样两个条件：你做起来不费力；短时间（10分钟以内）能搞定。

第三，从自己最想做的事开始。

虽然“要事优先”这个原则已经被尊为神旨，但对于很多人来说执行起来真的很困难。如果能坚持完成还好，如果半途而废估计会因为搭上了大量时间还没有完成而沮丧、生气，其他事情的完成效果也会受影响。而且“要事”本来就是主观性很强的概念，有些“要事”可能让人一想到就会觉得有很大压力；而有时你也许因为当天心情很好或者别人夸奖了你而突然自信爆棚，这时的“要事”也变成了“易事”。

所以，在众多待办事项中，不妨先从自己想做的事情开始，让自己渐入佳境，一件接一件地去完成手头的事情。

以上三点说穿了还是偏技巧，但如果你不弄清楚“究竟什么事对自己是最重要的”“自己的目标是什么”“究竟想成为什么人”这类问题，可能再多方法也是枉然，就如同知道很多道理还是过不好生活一样。

时间管理说到底是人生观问题。

我相信每个热衷时间管理的人都是非常在乎时间的人，但如果我们不先弄明白自己：如此高效地想去完成一件事是为了什么；经过管理多出来的时间自己想干什么；当因为追求高效，而让一件事情的效果打折扣时，你的容忍度有多大。那么，所谓的时间管理就只是在追求形式。

对于我个人来说，我会想各种办法让自己在做一些事时能够更快、更多地去完成。比如同时处理好几件小事，行动时永远风风火火，在任何等待的时刻——比如排队等车、等候就医——一定要做其他事，比如看书、写提纲、组织素材，不允许自己干等，或四处晃悠，所有这些行为都是为了能挤出更多的时间让自己写书稿、写专栏。

写作在我人生中是一件正经事，不像写日记记录心情那样随意，所以我必须尽可能多地匀出整块时间给它。和很多写作者不同，我无法在机场候机时或在咖啡馆喝杯咖啡时就拿出电脑写稿子，这对我来说过于仓促和紧迫。我写稿子时一定要端坐在书桌前，留出至少三个小时的时间。

因为有了“要写稿”这个目标，我才会有动力去想方设法抠时间，明白哪些事情是可以缓一缓的，哪些事情是紧迫的，时间管理自然而然也就执行起来了。

很多看上去是行为方式的问题，其实都与我们自己的终极目标“你想追求什么样的生活和成为什么样的人”有关，时间管理也不例外。而所谓的技巧、方法，不过是让我们在实现目标的道路上走得更顺畅一些。

战胜自己先戒除“懒癌”

懒惰是人类的原罪，像我这种向来对自己心慈手软的人从来不指望能打败它，但如果一辈子都懒下去也实在是没什么出息，毕竟持续懒也需要毅力，以及耗费力气去对抗上进人士的。恰好这两样我都没有，所以也只能在发懒的时候想一些“怪招”，暂时把它们遏制住，如此才能算是不辜负这一生吧。

不过，通常那些科学的、积极的方法——比如把目标拆成更小的目标去逐个击破，或者先从最简单的事情做起然后渐入佳境，又或者学习去规划、审视、监督自己等方式完全不适合我。我都懒得动弹了，还要去想着拆解目标、判断事情的难易程度，难度未免太高。所以，暂且抛下那些所谓的科学方法，不妨试试这7个易操作又有效的抗懒“奇招”。

● 洗个澡，换身衣服。

这招看起来和治懒没什么关系，但其实大有关联。首先，犯懒的大部分时候也是整个人精神萎靡的时候，此时冲个澡，能让人迅速精神抖擞、清醒不少。其次，洗澡后你会有一种全身上下焕然一新的清爽感，此时你再新换一身衣服，就算不及“浴火重生”，也绝对有“洗心革面”的感觉。

所以，一旦开始犯懒，马上来一场淋浴，最好再用一些触感清凉、气味提神的洗漱用品，然后从头到脚、从内到外都换上干净的衣服。此时，你再去照镜子，就会发现自己越看越像追赶朝阳的好青年。

● 换个环境。

当偷懒的心开始发作时，越让你留恋、不想离开的地方就越容易滋生懒惰。这个时候，最需要做的就是换个环境。

像我这么容易偷懒的人，有两个地方是不敢待的：一个是家里，另一个就是安逸的咖啡厅。家对于我来说就是可以做任何事，但就是不该与辛苦、勤劳沾边的地方，所以在家里工作、学习、码字，我会良心不安，觉得辜负了这个地方；而咖啡厅——特别是安静、闲散的那种，它们难道不就是为了让人尽情发呆才存在的吗？喝一口咖啡，看5分钟书，看窗外3分钟，再发呆10分钟，才是泡咖啡馆的标准模式吧。

干正事时，我一定会找那种让自己不容易闲散和发呆的地方。之前在国内是去图书馆，工作后，周末如果需要加班、学习，我也会去社区图书馆开工。来美国后，我更喜欢待在学校实验楼的自习区。

实在是学校图书馆的冷气十足，让我受不了，而自习区的好处是身边有一堆外国人：要么是独自一人，用一张写满了对知识的渴望和未攻克难题誓死不休的脸对着电脑敲字；要么是三五成群，在摆满了书本和电脑的桌子前，一本正经地边讨论，边在白板前写满各种公式和符号，那种感觉就像他们正肩负着保卫地球和人类的使命一样。在这样的人群中，我怎么好意思偷懒，就算装也要装成勤奋好学、热爱知识的样子吧。

● 以强制治懒。

这招儿我没尝试过，但周围有人用过，效果显著。

当你需要完成一件事但又懒得迈出第一步时，不妨告诉周围最有威严又最爱管教你的那个人，让他时不时带着逼迫之意念叨你几句，直到你不得不给自己下“生死状”，你要做的事八成也就被逼出来了。

我有一位朋友特别不喜欢做编程，但导师给他安排的工作就包含这项任务，他从周一拖到周三就是不想做。然后从周四开始，他时不时就去导师那里晃悠一圈，讨论点问题、学学实验操作，导师随口问了句："你工作完成得怎么样了，何时交活？"他脱口而出："48小时内搞定交给你。"导师满意地点点头，然后他就充满激情地回去填自己挖的坑了。

我说，没事干吗招惹导师啊？他说："我就是希望他设置个期限给我，这样我才能有干劲儿，自己给自己规划的期限总还是缺少权威感的。"对此我也不知道该说什么。

● 以毒攻毒。

这招儿虽然有点儿牵强，但还是有一定的治疗功效的。

当我实在不想做哪怕一丁点儿正事时，我会让自己彻底懒下来。要么挑个自己喜欢的姿势进入追剧模式，要么找个地方玩一天，做什么都行，总之越糟蹋时间越好。

然后，当夕阳西沉时，我会开始回忆自己这一天做了什么。我发现自己面对的，要么是满桌子吃剩下的零食，要么是电脑里留下的追剧历史记录，要么是玩了一天后的腰酸背痛，结论就是"一事无成"，一瞬间我就感觉非常难受。然后我的"小宇宙”就开始启动了，赶紧看书学习、做项目计划书、写书稿，以此拯救一下自己昏死过去的灵魂。晚上躺在床上，回想一天，觉得自己对人生还算负责。

放纵—自虐—拯救，三步一气呵成，内心跌宕起伏，无比酸爽。

● 喝点“鸡汤”，找点刺激。

我并不是鼓励你看那类动不动就“光芒万丈”“相信明天会更好”的“鸡汤文”，当然，如果它们对你有效，请继续。这世上，能鼓动人心的东西有很多，选择适合自己的一款很重要。

比如，你今天特别不想去健身房，那就找出你喜欢的运动明星，看看他们的训练集锦，看看那满面的汗水和结实的肌肉会不会刺激你；你今天特别不想花费心思研究美食，那就翻出之前晒在微信朋友圈的美食图片，重温一下那些点赞和夸奖带给你的成就感。

这种方式对我还是能起作用的。每次犯懒不想敲键盘时，我就会翻翻作家访谈录之类的书，看看斯蒂芬·金是如何在车祸后用写作重燃生命的，看看翁贝托·埃科是如何在走路和吃饭时创作出一章内容的，看看海明威是如何每天坚持站立几小时完成创作的。看完之后，我的懒惰意识已然消失了。

● 脑补一下懒了二三十年后自己的样子。

我将这招儿称为“脑洞大开，坑死自己不偿命”，既然无法在现实中对自己下狠手，总可以在想象时给自己来点儿猛药吧。

不排除这样一些可能性：一直懒下去，然后某天突然中了五百万的彩票，后半生轻奢地过也能活得挺滋润；一直懒下去，然后某天大家突然中了“谁勤快谁就死得快”这样一种新型又无可救药的病毒，你的周围再也没有勤奋的人，世界上再也不流行勤劳就是美德这种说法，自此世界大同，终于可以懒得心安理得、高枕无忧了。

我们当然可以用这种乐观的脑洞大开的方式去为自己的懒惰开脱，但我是真的无法愉快地沉浸在这些“美好的画面”中，所以，我为自己脑补了另一幅有着险恶用心的画面，通常它长这样：

因为自己“懒癌”一直发作，几十年后我美貌（假装有）尽失，因为不思进取终于成了新时代的文盲；而此时我的另一半虽然满头银发，但风采依旧，因为学无止境的信念在他心中根深蒂固，所以他成了让很多人敬仰的科学家。即便到了耳顺之年，他还是没有放弃用自己的智慧为人类发光发热，然后一不小心就摘取了诺贝尔奖的桂冠。

我会问自己："这样的差距我想要吗？"

如果脑补完如此悲惨的画面后你还能懒下去，那说明你对懒惰是真爱。

● 发誓，用自己喜爱的事物做代价。

每次看到影视剧里动不动就有人伸出三根指头信誓旦旦地诅咒自己时，不免觉得既幼稚又好笑。但如果让你有模有样地举着手亲口发毒誓时，内心还是会怵几分的，用这招治懒癌也颇有效果。

友情提示一下：我说的是用自己喜爱的事物做代价，所以就不要牵扯上自己的同类了，不管是你爱的人还是你恨的人。

就拿我来说吧，我人生的一大信念就是无辣不欢。活着的每一天我可以放弃水果、放弃甜食，终身吃素，但如果谁剥夺我吃辣的自由，立马翻脸。

当我犯懒到重度又真的需要一些外力来帮助我改变时，我会对着苍天郑重其事地说："如果我今天不完成 ×××，就让我失去味觉，永远享受不到辣带给我的快感。"然后就是深深的后悔，开始捶胸顿足：有必要赌这么大吗？紧接着就是后怕：万一真灵验了呢？最后，勤奋的"小陀螺"就在这种又悔又怕的复杂情绪中开始转动了。

如果以上7招你都尝试后，对抵抗“懒癌”还是无效，那只能证明一个事实：你实在不适合在地球上安居乐业，还是赶紧回你的“懒人星球”逍遥快活吧。

CHAPTER 3

第三章

懂得和自己相处，才是成长

在孤独中学会做自己

半夜收到Z发来的微信消息：“都说大上海繁华、有趣，我怎么觉得待在这里格外孤独呢？”

Z是我在美国认识的小伙伴，硕士毕业后和老公Yen回国在上海发展。Z是北方人，老公Yen是台湾人，两个人在上海算得上是举目无亲，除了工作，没有其他集体活动可以参加。周一到周五，两个人上班各忙各的，晚上聚到一起吃饭、睡觉、追剧、打游戏；周末，俩人几乎是48小时待在一起；碰到节假日如果不加班，就来个短途游。上班以后，继续各自忙碌，重复之前的生活。

Z说："真怀念之前做学生的日子，一吆喝就有一大帮朋友、同学出来玩，烧烤、逛街，就连纯聊天都可以聊得很热闹。现在想要多找一个人吃火锅都很难办到，我和Yen确实过上了二人世界。"

我想了想，回给Z一句话："也许，长大就是逐渐学会一个人玩的过程吧。"

的确如此，Z的话让我想到了自己刚毕业时在不同城市瞎闯、工作的日子：在深圳独自找工作，深夜两点下班独自回家；外派到上海，独自逛热闹的城隍庙，拜托陌生人帮我拍照留念，在偌大的南翔小笼包店的10人桌子上一个人默默吃完一屉小笼包；到厦门出差半年，自己一个人逛了3次鼓浪屿，周末一个人在家无聊到背英语单词。那些时光，无论景致多美，都带着孤独的味道。

学生时代的生活与之则完全是天壤之别。即使我不是一个爱热闹的人，不喜欢参加老乡会、学生组织、班级烧烤，但永远也不会"沦落"到一个人独处。无论是上课、吃饭、去图书馆、旅游，都有男朋友或一二好友相伴左右。青春年华，容不下一个人落寞的背影。

被外派到上海工作后，我才渐渐接受了"人得学会和自己好好相处”这个事实。

“人得学会和自己好好相处”不仅指单身时关照好自己，还指即便有爱人相伴、好友相拥，也要学会一个人去独自承担一生中的大部分事情，比如解决困难、忍受悲伤、欣赏美好、品尝快乐，甚至什么都不做，只是安静地让自己发呆。

人类虽然被设置成群居物种，但骨子里终是孤独的。

在这个时代，每个人都很忙，忙着工作、赚钱、升迁、买房、投资。每个人的时间都很宝贵，没有闲暇分给他人。

网上不是经常流传“陪伴是最长情的告白”“愿意给你花钱的人未必是真心爱你，但愿意花时间陪你的人一定是真的爱你”这类话吗，可见“陪伴”在这个时代有多稀缺。只是，一方面，现在的生活节奏和压力确实让人自顾不暇，我们很难有精力去搭理旁人，即使是亲人；另一方面，“忙”又是这个时代的标配，人人都需要用“忙”去证明自己的价值。所以，学着吞咽寂寞、自己玩耍成了必备技能。

离开校园后，如果毫无目的地拉一群朋友出来闲逛，到户外或咖啡馆坐一天，人人都会心疼和慌张吧，大好时光，何必这么浪费呢？还不如多考几个证书，拜访一下客户，加班赶项目进度更实在。谁让这是一个大家都争先恐后要打破自身固有阶层、拼命延长自己“上升期”的时代呢?

老乡会、同学会、旅友会之类的集体活动我是从来不参加的，因为我知道这样的活动对填充内心的孤独毫无助益，不过是热闹后迎接一次又一次更强大的孤独罢了。

我妈妈有段时间非常热衷于参加各类群体聚会，小学同学、中学同学、插队时的“战友”、第一份工作的同事、退休前的姐妹群……总之，那段时间她辗转于不同关系的群体聚会，忙得不亦乐乎。

突然有一天，她消停下来再也不去参加了，就连同学打电话约她再聚，她也是想尽各种借口能推则推。我问妈妈怎么不聚了，她说：“没意思透了！”

她的心得体验是，即便是30年不见的老同学，聚过两次后就实在没必要再见了。第一次聚会的主要节目是“忆往昔”，第二次聚会的主要节目是“比今朝”。两次聚会之后，彼此的前世已经感叹完，今生也门儿清，如果还约后续，就只能车轱辘话来回说了。

哪位同学离了婚，谁得了抑郁症，谁的孙子都会打酱油了，谁的儿子特出息……这类信息总会在聚会时被来回说，也许是大家年龄都不小了，记忆力不比从前。但我想更重要的原因是大部分人的生活的确没有丰富多彩到可以分享不重样、有质量的内容，所以殊途同归，一切聚会只能是回忆和攀比。

用我妈妈的话来说就是——还不如自己跑会儿步锻炼身体有意义呢。

况且，走出校园、工作、恋爱、结婚、生子，生活的轨迹被进化成一个个越来越小的圈子。从乌泱泱一大帮人到爱人、子女相伴，再到只有爱人相伴，最后剩自己一人度过余生，你会发现，我们的一生就是热闹过后，最终回归冷清与寂寞的过程。

所以，当Z和我感叹为什么在如此繁华的大上海，有爱人陪伴依旧感到孤独时，我只能劝她或享受或忍受，而不是像很多自助书籍里写的那样去扩展自己的圈子，寻找志趣相投的伙伴玩耍，因为无论多牢靠的“人脉”“圈子”，都终将渐渐消失，独留我们在各种关系里。

如果选择接受这个现实，是否有什么办法可以让孤独变得不那么难熬，慢慢从忍受过渡到享受？

网上有句话说得很对，如果已经感觉到了孤独，就没有办法“享受”了。独处，是可以“享受”的。所以，首先我们要接受“一个人也可以很好地独处”这个理念，即使你的周围有爱人和子女陪伴，也不意味着你不需要独处。

作家刘瑜曾在文章《一个人要像一支队伍》里说过：

“年少的时候，我觉得孤单是很酷的一件事情。长大以后，我觉得孤单是很凄凉的一件事。现在，我觉得孤单不是一件事。至少，努力不让它成为一件事。有时候，人所需要的是真正的绝望。真正的绝望跟痛苦、悲伤没有什么关系。它让人心平气和，让你意识到你不能依靠别人，任何人，得到快乐。”

总之，这些年来我学会的，就是适应它。适应孤独，就像适应一种残疾。

听来有些无奈、残忍，但的确只有充实自己，才能更好地摆平孤独。所以，找到一些能自己做的事情，认真去完成它们，然后享受结果，孤独自然就不被称为“孤独”。

比如，认真地为自己涂上新买的指甲油，静静地听一首歌，不将就地为自己做顿晚餐，安静地翻几页书，好好计划一下自己期待已久的旅行，不慌张地发呆，心安理得地赖床……

无论做什么，关键是专注！只有“专注”这件事可以真正避免让自己感到孤独。用心去做手头的每一件事，趋近完美，这个过程本身就是在享受独处。

下一次，当你感到孤独，希望有人相伴时，不妨问问自己：为什么我做每件事都要等别人来陪，等别人陪我逛街、陪我看电影、陪我吃饭、陪我旅行？我是否一直在等别人发现我，“占用”我？我自己做这些事有什么问题吗？如果能够做得很好，成就感是否会取代孤独感？

然后，埋头去做就好。

尝试过一个人的生活

一个人的生活有多无聊，同时也能有多精彩。

经常听朋友、读者、单身的同事和我抱怨，一个人的日子超级苦闷：

想改善生活做顿饭，炒三个菜能吃三天，只做一个菜吧，开伙还嫌麻烦。

出去逛街，逛着逛着就迷失了，不知道自己要干什么，看上一件衣服试穿后也没人能征询意见。

下饭馆倒是省事，可一个人就餐，你就很难不介意周围成双成对、阖家欢乐的氛围衬托出你愈加孤单的气场。

那就去健身吧，锻炼身体一个人总没问题吧，可当你锻炼后回到家，想炫耀一下腹肌和马甲线时，却只能对着镜子“孤芳自赏”了。

好像一个人生活就是苦，无论多精彩，都透着凄凉。何况，大部分时候它还并不精彩。

人是群居的动物，这种造物主植入基因的天生设定，我们无力抵抗。但如果一生中能有一段时间与自己好好相处、踏实度过，其实也是一种幸运。仔细算算，我们一生中的大部分时间都是在与他人相处中度过的，小时候和父母，上学后和同学，工作后和同事、恋人，结婚后和伴侣、孩子。如果你运气足够好，再来个金婚、钻石婚，那么我们独自安静度日的生活其实也没有几年。一生不算短，我们却鲜有机会好好独处。

所以，每个人都应该珍惜一个人的日子，它是我们生命的福祉。

一个人生活是一种试练，没有水平就会毁掉自己。

除非你是个工作狂，否则独身的你就得面对如何打发掉大把闲散时间这个难题。睡觉、追剧、打游戏，这些当然都可以成为选择，关键是：你是发自内心地喜欢这样的生活吗？

我单身时曾一度沦为一个“没有意义的生物”，即除了吃喝拉撒睡，闲暇时间再无其他事可做。日子过得很舒服，可每当黄昏来临时，看着窗外的余晖一点点消失，我就会陷入巨大的恐慌，不知道这样生活的意义是什么。

生命是一段很自欺欺人的旅程。如果你赋予它意义，它就变得有意义；如果你认为它荒芜，它就会一文不值。那段看上去舒服惬意的日子，因为无法赋予我切实的意义，曾让我沮丧到极点。

倒不是说一个人生活就一定要像比赛一样，把自己弄得斗志昂扬、一刻不得松懈。我们当然可以松松垮垮地过日子，但一直松垮下去，没有一些笃定的、切实的事物让我们去操作，人也难免颓废掉。就像电影里那些大隐隐于山水的世外高人，别看他们优哉游哉、孑然一身几十年，可人家不是忙着练武就是忙着修身养性，自律得一丝不苟。

所以，一个人的生活可以松散，但不能松垮。长期陷入后者，会让你毁掉自己。

能否把独身生活过得有趣，可以证明一个人的各种能力。

我的朋友S和谈了三年即将结婚的男友分手后，虽然伤心欲绝，但并没有让自己沉沦，而是努力把单身生活过得比两个人一起时还精彩。

她一个人煮饭，会用精致的樱花色餐具装汤、盛饭，让吃饭这件平淡无奇的事变得赏心悦目；

她一个人做家务，会一边扫地，一边把所有的鞋子拿出来试穿一遍，看看哪一双和扫帚最搭配；

她一个人过周末，会去靠近海边的法国餐厅临窗而坐，一个人品味烛光晚餐；

她一个人健身，会在更衣室里晒出自己的小蛮腰，发到微信朋友圈向大家要“赞”。

总之，在S的世界里你能感受到，一个人的生活其实可以过得有声有色。

能把一个人的生活过得很好的人，至少说明他是一个勤奋的人。有创意、有趣味的生活需要花心思、动脑筋，并且要身体力行，身体跟得上想法。如果只是“想”做什么，却只停留在“想”的阶段，那诗意的生活永远只是别人家、书本里的生活。

另外，能把一个人的生活过得很好的人，也可以说明他是一个有大爱的人。对生活、未来和自己无大爱的人，会过于放纵自己，让自己的生活陷入混乱、繁杂。每一个因为熬夜而起不来床的清晨，每一份因懒得下厨而凑合的外卖，每一张对着镜子显示出疲倦的脸，都是对自己的辜负。

更何况，当下社会流行的“有趣论”根本不必多方检验，只要能把一个人的日子过得很好，他一定是个有趣的人，就像S。那些精致的餐具、有情调的餐厅，一个无趣的人是根本看不到也不会花心思去琢磨的。

所以，当你单身的时候，不要把这段时光当成苦闷、无聊，甚至带着点失败味道的。相反，它应该是一个让自己变得更有趣、更能打磨自身和了解自己的机会。

有些事情虽然两个人、一群人也能做，但如果有机会一个人去完成，将会别具一格，让你终生难忘。

● 独自去高档餐厅吃顿饭。

虽然网上说最孤独的事之一莫过于一个人吃火锅，但一个人吃饭，尤其是去高级或知名餐厅就餐，会让你更能领略食物的美好。

我们总喜欢和三五好友、家人或者另一半去餐厅就餐。排队等候、用餐时的闲谈，和喜欢的人分享美食，都能成为美好的回忆。俗话说：一个人吃饭不香，人多时吃什么都特别香。所以，我们更喜欢以群聚的形式享受美食。

这没什么不好，但也的确会影响你对食物的品尝。多人聚餐的意义其实不在于食物，而在于感情的维系，这就使得美食打了折扣。一个人去高级餐厅吃饭，可以让你免于当下的交谈、推让，把精力只放在食物上。能够一心一意去做一件事，哪怕只是吃饭，也是美好的。

● 彻底做一次家务。

一个人做家务辛苦会加倍，但之后的满足感也会加倍。

塞满衣服的衣柜、杂乱的写字台、落了灰的餐桌、不够白的马桶、有头发的地板……都值得我们用心清扫。虽然现代大城市的人已经逐渐适应并习惯找钟点工来清扫家务，这样不仅省了时间去做更多有意义的事，而且专业人员也比自己清扫得更干净。但是，除非你确实无暇做家务，需要找他人代劳，否则强烈建议你自己打扫房间。这与花费和打扫效果都无关，重要的是，已有研究证明，自己做家务的确能提升快乐指数。不仅如此，我们经常抱怨没时间锻炼身体，但半小时的大扫除或者擦窗户就可以燃烧160卡热量，可谓一举两得。

生活本就是由一点一滴的细节构成的，当你在完成家务后洗个热水澡，换上干净舒适的居家服，坐在窗明几净的房间里，来杯咖啡，听听音乐，看看书，或者什么都不干，只是在一个更干净的环境里发呆，想必质量都会更高吧。

● 无论下厨与否，一定要把冰箱塞满。

我们可能都在电影中看过这样的场景：一个运气很差或者一天都过得很不好的人，拖着疲惫的身躯回到家，打开冰箱后，发现里面几乎空空如也，仅剩的食物还过期了。这个时候主人公多半会一声叹息，关上冰箱门，绝望加重一层。

美好的生活需要一个干净、充实的冰箱，有时候它可以起到鼓舞人心的作用。

对于“吃货”来说，打开冰箱看到满满的食物，好心情就会产生。即便你一般不下厨，对食物也没有太多讲究，在劳累一天后打开冰箱，看到里面有你爱喝的饮料、爱吃的水果、新鲜的蔬菜，也许你会情不自禁想要下厨给自己做顿好的，而自己动手制作的食物又能使我们成就满满，不由自主地爱上当下的生活。

所以，一周一定要去超市大采购一次，购买自己喜爱的食物，它们能让你在劳累得快要对生活绝望时，在打开冰箱的一刹那再次感到能量满满。

● 必须来一次毫无计划、说走就走的旅行。

独自旅行不是为了迎合“来一场说走就走的旅行”这个文艺的举动，而是一次很好的内省自我的机会。你甚至不必去那些旅游热点看名胜古迹，或跟风欧洲游，只是离开你熟悉的环境，去一个陌生的，一直想去未去的，或者去过多次还是很想再回去看看的地方，就足够让你放松自己。

杭州一直是我非常喜欢的一座城市。我在上海居住，去杭州非常便捷，所以几乎每年都会去几次，看春夏秋冬不同的景色。第一次去杭州，就是我睡午觉起来，突发奇想，于是买了时间最近的一趟高铁，没有旅行攻略和计划，甚至都不知道晚上要住哪里，就这么一个人带着钱包去了杭州。

这座城市果然没让我失望。无论是一个人骑车周游西湖，还是在中国美院欣赏未来艺术家们的作品，在杭州饭店吃好吃还不贵的特色菜，住颇有特色的江南民宅，都让我的精神得到了巨大满足。

看着西湖边上晨练的人，学生们作画时认真的脸，经营民宿的有故事的老板娘，都能让我暂搁当下的烦恼，去想自己追求的生活和人生，为自己现在努力过好的生活找到意义。

独自旅行是一次有益的精神之旅，让你兴奋，更让你清醒。

无论是一个人的生活还是两个人的日子，过得好是追求，也是一种信仰。它让你相信，自己值得被善待。

单身时，是最真实的自己

这个世界一定是疯了，才会把单身者们当成“弱势群体”来看待。

自己吃饭，可怜！

自己旅游，可怜！

自己看电影，可怜！

其实，按一个人活到80岁来计算，我们大部分的人生时光都是非单身的。你的人生有1／2甚至2／3的时间都要和另一人一起度过，这么看来，好好珍惜当下单身的日子才是正事。这是一个人人都惧怕孤单、拼命“脱单”的时代，可两个人的世界或三口之家就一定像童话故事那样美好吗？很少。相反，一地鸡毛的更多。

作为一名资深已婚人士，虽然我热爱现在有人陪伴的日子，忆往昔时，我也会深深怀念那段宝贵的单身时光。能够遇到情投意合的人在一起当然动人，但千万不要为了结婚而结婚，因为你要知道，当你“脱单”后，面临的将是下面这些状况：

● 不那么自由。

“脱单”后会不再像单身时那么自由。比如，单身的时候，想吃泡面就吃了，反正肚子是自己的，好赖都自己受着。但“脱单”后就不同了，你再想吃泡面，只要另一半说不想吃，你就得想法子换别的，无论是下厨，还是叫外卖，俩人过日子总得一起吃饭，吃得满意才能有热气腾腾的感觉。所以，你的泡面生涯就这样被拦腰斩断了。

再比如，单身的时候过“双十一”（11月11日的购物狂欢），包、口红、衣服、零食，你只要想着给自己买就好了，但有了另一半，你就不可能只顾自己。这个钱包打折，给他买一个吧；这条领带不错，搭配他那件衬衣颜色正好，买了吧。总之，你的购物车再也不是你的专属了。

● 不能任性。

只有单身的人才配谈任性，“脱单”的人只能谈责任。

单身时：“老板不靠谱，我不干了！”一封辞职信放到办公桌上。

“脱单”后：“算了，忍忍吧，他赚钱也不容易，我得帮他一起分担啊。”

单身时：“这部剧太精彩了，反正是周末，就熬夜追完吧。”

“脱单”后：“熬夜追剧影响休息，而且明天还要陪他去应酬。”

单身时：“心好累，想去寻找诗和远方，去西藏洗涤一下灵魂吧。”

“脱单”后：“我去旅行了家怎么办，他怎么办？”

以上还只是无法任性的基本款，更何况你们身后都还有各自的家人，总要分出一部分责任心给他们吧。小到节日问候，大到生病照顾，都少不了你的份。

我的好友Lin曾经风雨无阻坚持在周末学习彩铅三年，一次都没落下。有了孩子后，一开始还挣扎着去一下，后来变成断断续续一个月去一两次，再后来完全搁置了，整套画具放在角落里积灰。因为她每个周末不是要带孩子去娘家、婆家，就是陪着孩子参加亲子早教活动，丧失了自己的大部分时间和爱好。

对于非单身人士来说，责任永远排在自我前面。

● 减少人生的可能性。

单身最吸引人的地方在于它让你的人生有无限可能性，无论是在情感上，还是在十字路口的选择上，因为不管结果好坏，都只有一人承受或享受。而“脱单”后的每一次选择和改变都要经历瞻前顾后、三思后行，其代价太大、影响太深，非一人一力能够承受。

单身时，会觉得人生可以“分分钟”重启，每一天都可以是崭新的开始，所以即便当下离梦想很遥远，但我们依旧能够以梦为马，驰骋四方。单身时带着天真和简单的印记，因为这些印记会让你觉得世界到处是充满希望的绿色，而“脱单”后，生活的颜色开始变得凝重起来。

倒不是说“脱单”后的人生就特别绝望，只是你的身后多了一条“尾巴”。“尾巴”可以成为一个人的支撑，也可能成为牵绊。就是因为“脱单”后似乎事事都能看出两面性，都能琢磨出利与弊，所以也就多了几分犹豫和迟疑。

此时你就会觉得还是单身好，爽快又利落。

所以，让自己此生有一个高质量的、值得回味的单身生活很有必要，以后回忆时，才会觉得不负此生。

别追求“零距离的关系”

我从不相信灵魂伴侣和亲密无间的关系，无论那人是你在人海茫茫中千辛万苦寻到的他，还是各自在娘胎里就已经开始拜把子做兄弟、闺密的那个人，抑或是你自认为最懂你的父亲或母亲——你的任何心事都能向他吐露，他不会对你评判，只会报以温柔的眼神、无须多言的理解，以及总是站在你身后的无尽支持，让你觉得他就是你与生俱来的知心伙伴而非单纯的长辈。

事实上，再近、再亲，我都不相信会真的亲近。

“灵魂伴侣”和“亲密无间的关系”都让我们心怀期待，但它们都是自编、自导、自演的剧目，如果你笃信无疑，必须得有点自欺精神。

“他懂我微笑的含义。”“无须多言，我们只要静静凝望彼此就已了然于心。”“他的存在就是为了补足我的缺失。”类似这样的期盼虽然美好，但并不合理。

零距离的关系，真实面目就是你撰写了一个“剧本”，然后希望有人能按里面的情节演出和发展。如果他演得足够娴熟和真诚，你会觉得无比幸运，此生无憾；如果他演得偏离了轨道，你会觉得“自己何其悲催，怎么就遇不到一个懂我的人”。

而事实是，没人有义务去懂你，非得按照你的“剧本”来编排自己的人生。

我见过那种被徐志摩“我将于茫茫人海中访我唯一灵魂之伴侣。得之，我幸；不得，我命”的爱情害得不轻的姑娘。她们相信彼此交汇的眼神能让心脏为之一颤，互相在不言不语中道尽一切，甚至对感情报以顺其自然的信念，因为一切自有定数。

我也见过那种翻过一堆“情感经营之道”“遇见更好的自己”类书籍的姑娘，她们相信感情是人为制造的结果，就像你希望收获鲜艳的花朵就势必要播种、施肥，而不仅仅是对天祈祷。她们舍得对自己下狠手，相信只有自己光鲜亮丽、优秀优雅，才能吸引白马王子的目光，谁叫爱情讲究势均力敌呢。她们觉得对彼此的理解可以随着两人相处时日的累积而变得简单容易，因为本质上来说，“懂你”需要物质成本，更需要时间成本。

很难说这两种“信仰”哪一种能带来更好的结局。前者有经历爱情后再也不相信爱情的，也有依旧不主动行动、安然自若等待真命天子的；而后者，你一定见过那些看上去就是天造地设的伴侣，以及迥异但也在别人的质疑和不解中嬉笑怒骂过了一辈子的人。

所以说，不要提前“写剧本”，因为真是应了那句俗话“Anything is possible”（万事皆有可能）。

我们很难碰到一段无间隙的关系，最主要的原因是无论那人是谁，曾和你多么亲密，你们的角色和内心总是处于变化中的，难免有无法共同进退的失衡。

就像你和父母之间的关系，几乎可以一生不变，可是，在你3岁和30岁时，即使你们的关系不变，但他们的作用和影响却早已天差地别。你3岁时，父母完全是你生活中唯一的男女主角。你可以将一切开心、不快、疑惑、迷思都展现给他们，神奇的是，他们总有办法帮你摆平一切，这让你觉得他们简直无所不能。可当你30岁，有了自己的家庭、圈子、见识和经历后，父母只能从你的“主心骨”变成“后援团”。你得承担自己种下的一切福祸因果，你有自己的人生期待和努力方式，他们也有自己的力不从心和爱莫能助。

长大后你会发现，你和父母之间的爱依旧如从前，但两代人之间的理解差异也横在那里。显然，一段无间隙的关系里是不太容得下“理解差异”这码事的。

那爱情呢？会随着身份的变化、时间的打磨趋向无间隙吗？恐怕很难，否则就不会生出那么多“在我们的一生中，遇到爱，遇到性，都不稀罕，稀罕的是遇到了解”的廖一梅式的抱怨了。

没错，你的另一半知道你最喜欢的礼物，会触及你泪点的电影，讨你欢心的各种方式，那些只要他说了就能让你心生柔软的话语，以及你的禁忌和底线在哪里，但这并不代表你们的关系就是亲密无间的。有时，他不理解你叹息背后的含义，不知道你为什么会做出出乎他意料的选择，甚至无法理解为什么这件事能让你失眠一整夜。

一切都与爱的程度无关，无论多相爱，两个人都不可能只靠一颗心共存。

所以，不被他人，哪怕是最亲密的人了解并非一件了不得的事，因为“了解”一词通常难有标准答案，类同真理，只能无限接近却终究难以抵达。

如果你因此对爱丧失信心大可不必，因为最残酷的不是你的枕边人不懂你，而是大多数时候，你对自己都不了解。比如，那些视而不见的状况，自欺欺人的谎言，莫名的悲伤，无法言说的压抑，难以排遣的孤寂，以及自己完全凭借直觉和情绪做出的重大人生抉择。

很多人大多数时候都在明白而理性地活着，但也只是“大多数”。有时，你会脱开缰绳、偏离轨道，行走在一条不是你轻易会走的路上。幡然醒悟时，问自己一句“当初是怎么了”，而这就是你和自己的距离，你还是有自己不愿面对、不能了解的那部分。

既然我们不能做到与自己毫无间隙、完全理解，何必要挣扎着去寻求他人的理解与洞悉呢?

与父母的代际隔阂，不妨就当作光阴遗留给爱的小瑕疵；

而对爱人未能及时到位的理解更加不必计较，因为你也未必就能百分百懂他。

在与他人建立情感连接时，我们唯一要做的是努力，而非强求。

剩下的就是好好享受孤独。

拯救“讨厌的自己”

觉得自己好肥、好丑、好笨、好穷……就是看自己各种不顺眼，怎么办?

心灵“鸡汤”会告诉你：亲爱的，你要开始改变，然后爱上焕然一新的自己。比如：

觉得自己肥，那就开始减肥吧，每天跑个三公里，先来一个月，看完效果后你就会重新爱上自己。

觉得自己笨，那就多读书吧。两周读一本，做好读书笔记，闲暇时培养自己的兴趣爱好，烘焙、养猫。智商不够，气质来补，做个“灵魂有香气”的人。

总之，“鸡汤”文会告诉你人生不会穷途末路，世上没有过不去的坎。

必须承认，确实还挺在理的。

不过除了“鸡汤大补”外，还有另一种法子可以拯救你“讨厌的自己”这个难题，倒也简单：习惯就好。

想想完美的人或者完美的人生（虽然二者并不存在）也挺无趣，那种小心翼翼的紧绷感挺累人，稍有差池就会让自己很难受。所以，接受有瑕疵、有遗憾的自己并活得心安理得才是现世的完美。

况且，凡事都有两面性，甚至无数种解法，何必死磕其一呢？看得到大千世界，受得住千奇百怪比追求完美有趣多了，想想上面的难题完全可以用另一种画风来诠释啊！

说白了，就是你得有一双发现美的眼睛，打造一个“阿Q的内心世界”，这样，你才能善良，并且无坚不摧。

改变自己和学着习惯看不顺眼的自己然后我行我素，向来我都是青睐后者。在“战斗者”眼中，我这种人也许不求上进，但我确实不想活得那么咬牙切齿。

没必要把自己往死角上逼，条条大路通终点，总有一条路是不堵车的，可以让你比较畅通无阻地撒欢。

可如果你就是那种特别坚定，非要铲除恶习，在追求完美的大路上狂奔的人，偏偏又接受不了“鸡汤大补”，那在面对“讨厌的自己”时，该怎么办呢？不妨从下面两条着手。

第一，找一个对的环境。

一个对的环境永远比拼毅力、找方法重要且有效得多，对于这点，可以用我学英语的经历来验证。

来美国一年多，为了提升英语水平，我真是没少忙：和外国小伙伴结成过语伴，做过橄榄球赛小摊的志愿者，在咖啡馆义务服务过，甚至还逼着自己考了雅思，无非是觉得在美国待了几年后有朝一日回国，如果英语还像出国前说得那么差，还有何面目“见江东父老”。

虽然我用了很多学习英语的方法，但让我英语进步最快的阶段是一次生病住院的20多天时间里。在医院没有会讲中文的人，而美国的医生和护士每隔一小时就会来关怀、问候你一下，从例行检查、询问病史、进行治疗到订餐买饭，你不说英文怎么办？

在那20多天里，我感觉把这辈子的英文都说完、听完了，以至于出院后一开始和家人长时间用中文沟通还有点儿不习惯。结果就是，我终于从英语“小白”升级到能和本地人交流，办点儿事不会耽误的水平了。

学英语找过无数方法，依然只能讲“What’s your name（你的名字叫什么）”“How are you（你好吗）”“Fine，thank you，and you（我很好，谢谢，你呢）”这三句，和“听过无数道理，依然过不好这一生”是同样的怪圈，都是要在环境的“逼迫”下做过、练过，甚至丢过人后才能奏效。

第二，先想明白“好处”再设立目标。

急于设立小目标的坏处在于：如果你没有先解决“意义”或“好处”等宏观、高级的东西，那要么你设置的目标会跑偏，最终导致无效，要么你会在实现目标的道路上前进得特别痛苦，难逃放弃的命运。

就像前两天收到一位读者朋友的来信，她说自己是个特别不爱说话的人，就算和同寝室的伙伴一起走路也是经常沉默，这样的性格导致她几乎没什么朋友，但她内心又特羡慕和渴望那种成群结队热闹的生活，于是她问我该怎么改变？

虽然我是个喜欢收割“干货”，也喜欢赠送“干货”的方法论拥护者，但我还是想告诉她，处理沟通技巧和人际关系的方法有成千上万，可在实践方法前，不妨先想想：究竟是什么原因导致了你现在的性格，沉默究竟是因为自己的原因还是因为没有遇到在同一频道的人，以及你在追求“成群结队的热闹”时真正想要追求的是什么？

人是趋利的物种，先弄清楚大方向，在前进的道路上才能体验每进一步的欢喜。

如果在做了这两点之后你还是无法改变，只能说明这个你“讨厌的自己”就是原本你该有的样子，那就不妨试着爱上这样的自己吧。

整理生活，整理人生

如果说消灭孤独是一个人生活的精神必修课，那会整理则是拥有高质量生活最实在的课程。

表弟有一年暑假来上海玩，那时我还没买房，他只能住在我租的房子里。看见我的住房后他大吃一惊：“姐，没想到你住的房子这么整洁啊，太意外了。”在表弟的想象中，一个单身、忙碌的女白领租的房子因为忙、没家人住、懒得打扫，肯定乱糟糟。

其实，我知道不少人在一个人住的时候的确都是这种乱糟糟的状态：被子不叠，反正也没人来；衣服东一件西一件到处都有；外卖饭盒堆到好几个才一起扔；洗手台和马桶上也存了不少污垢，实在看不过去再大概清洁一下吧。我曾经也经历过这样的阶段，后来一件小事改变了我的住宿习惯。

有一天真的是倒霉到家。工作中出了点差错又刚好撞上上司心情不好，我被批了个狗血淋头；然后下午被两周前就约好要见的客户临时“放鸽子”；好不容易加班结束回家，结果大脑“停工”搭反了地铁；在地铁上又差点和一位大妈吵起来；下了地铁走了15分钟后到家，被上海7月的高温热湿了全身；回到家打开门，看见屋里一片狼藉——没丢的垃圾、有灰尘的写字台、堆在床上的衣服……一天的情绪全部爆发了，我瞬间大哭。

冷静下来后我开始分析：在这一天的不顺中，有一些是我无法避免的，比如炎热的天气、被客户“放鸽子”、和我“杠”上的大妈；但还有一些是我能避免的。更认真地工作、打造一个干净整洁的住所，这些事情不算太难，却能大大安抚我的情绪，至少做到不火上浇油。（如果那天我的房屋很整洁，也许开门后它就会变成我的避风港，而不是让我闹心的地方，我也不至于崩溃。）

所以，从此以后我特别注重对房间的清扫和整理工作，哪怕是租的房子，哪怕再忙再累（其实我们真的不至于忙到抽不出一点儿时间清扫房间），我都会定期收拾房间。

其实，如果你没有严重的洁癖，不必把房间打扫得一尘不染，只要保持它的整洁就已经能够给自己带来好心情了。当然，我对房间做的整理工作要远多于清扫工作，因为整理是每天随手都会做的，清扫则视心情和时间，短则三天，长则一周。

生活中，当我们整理房间时，不仅仅是在整理空间和环境，更重要的是在整理自己的心情和生活，让它们更顺畅，而这也在无形之中塑造了自己的性格，能够让自己变得更有规划和条理。

说到“整理”，我们首先会想到日本。日本人让“整理”这个行为成为一门艺术——整理术。从著名的“断舍离”概念的创始人山下英子，到凭借“怦然心动”登上《时代周刊》评选的“世界最有影响力的100人”的近藤麻理惠，还有以超级整理术闻名的广告圈大师佐藤可士和，以及擅长利用整理术处理工作的整理家小山龙介……和整理有关的达人大部分都是来自日本。

除了这些整理达人，在日本还有许多传授居住智慧的民间组织，比如心动整理协会。有些机构会为整理收纳咨询师颁发证书，成为持证会员以后就可以从事上门整理指导工作，把整理发展成为一项职业。

整理最开始源于房间的整理。因为日本的房屋通常都比较狭小，所以日本的主妇们总在琢磨如何能在有效的空间里打造一个整洁、温馨的家，由此便产生了空间整理。

空间整理、收纳的方法有很多，但总结下来主要有三点。

第一，物品要少。

无论是“断舍离”还是让自己“怦然心动”，抑或经久不衰的简约风，保持物品少都是原则之一。

想一想，如果你的住所本来就不大，还有一大堆东西和你一起挤在这个空间里，心情很难不压抑。而且东西越多我们越难维持秩序，也会把自己真正需要的、最重要的东西淹没掉。

所以，无论你的房间多大，都请在不影响正常生活的情况下尽最大努力缩减物品，减少累赘。

第二，固定位置。

其实惹怒我们、让情绪崩溃的通常都是压死骆驼的最后一根稻草那样的一些小事。比如，快迟到了，本来就很着急，临出门时死活找不到钥匙；已经够沮丧了，一不小心还被墙角的花盆绊了一下。在有限的空间里除了维持物品少之外，很重要的一点是一定要给物品固定好位置，尤其是越小、越杂的物品，越应该有自己专属的地方。

钥匙用完随手就放回包里或者放在门廊的架子上，开辟出一个专属位置给它；衣服脱下来就挂在挂钩上，沙发椅子和床都不是它们该待的地方；还有硬币和小额零钱，能放在存钱罐里就不要到处乱撒；书本、碗、筷、各种杯子和调味品都应该放在专属的位置，不要轻易改变或随便一扔，避免用时找不到。

第三，定期检查。

平时整理得再好，如果不定期检查也很难维持长久的整洁度。越来越多的衣服、文具、书以及冲动消费购买的小玩物等，总是不知不觉就会侵占你的空间。因此要定一个时间，比如每月一次、每三个月一次，定期检查物品。不常用的、不用的、坏掉的、不喜欢的都可以收起来、送人、捐掉或丢掉，从而让自己的使用空间时刻保持整洁。

整理术虽然针对的重点是空间，但绝不止步于此，由空间整理延伸出来的是对情绪的整理。如果你能把空间打理好，就可以试着去调整自己的情绪了。

我们为什么要整理情绪？为了能够更正常、有节制地生活。

回忆一下当你情绪失控时曾说出的那些伤人、伤己的话，做过的那些让人难堪的事情，等到情绪平复时恐怕大多数时候都是后悔懊恼的吧。如果一个人的情绪毫无波澜，那这个多彩的世界对他将毫无意义。同样，一个人的情绪如果总是大起大落，那他也会被情绪蒙蔽“心眼”，错过这个有趣的世界。

对情绪的整理并非只是一味控制，虽然这是现在非常流行的做法——“控制情绪才能掌控人生”的标题和说法到处充斥，整理情绪还意味着释放，控制与释放兼容。但最重要的是，要时刻尽可能地让自己的情绪和心境处于平静的状态。“刺激”很爽，但维持平静才有可能让我们更正常、更有质量地去生活，因为这个时候，理智是占上风的，它能防止我们做错事和蠢事。

我们应该如何控制自己的情绪呢？在美剧和电影里我们经常看到主人公遇到重大变故时会说：“First of all，deep breath.（首先，请深呼吸。）”这个方法的确能缓解情绪。除此之外，还有几点我自己的心得，也在此分享给大家。

第一，避免刺激。

我们的情绪被“点燃”——无论是激动还是暴怒——都始于刺激。如果你想维持理性、避免情绪波动，最直接的做法是灭掉源头、躲开刺激。

思考一下让自己情绪失控的雷区通常会有哪些，然后试着去避开或改变。

比如，我的雷区之一是受不了慢，无论是自己还是别人，只要稍微慢一点——行动慢、说话慢、回复慢等——我心情就会开始变差。了解这点后我采取的做法是把期限尽可能运用于所有的事。如果涉及与他人的合作，我也会让对方明确知道我的截止日期或请对方给我一个截止日期。

“这份约稿最迟周五晚上我会给你。”

“合同能否在周一上班的时候发给我？我会在周日的晚上发信息再提醒你一下。”

在期限内我的急性子就能维持正常，如果超过时间限制还没回复，去追问对方也不会让对方觉得过于逼迫、不礼貌。

第二，避免混乱。

心境和情绪的混乱很大程度上源于环境的混乱，比如乱七八糟的房间、凌乱的办公桌、电脑上密密麻麻的混乱的文档。这些混乱都会引起我们情绪的波动，所以做好外部的整理能在很大程度上减缓我们情绪的失控。

在《佐藤可士和的超整理术》这本书里佐藤说：“把环境中的干扰因素清理到最低限度，这是在对人的情绪进行整理。”我非常认同。

做好情绪整理是为了进行最高级的整理——思考整理。

同样还是在《佐藤可士和的超整理术》这本书里，佐藤对整理思考的方法提出了一些很好用的建议：将自己和对方的思绪置换成语言。

另外，信息化时务必建立假说，大胆向对方提问。整理出对方的言论后试着置换成自己的语言，反问对方：“你的意思是这样吗？”

由佐藤的这一点我想到的是当我们整理自己的思绪时也可以借用此招，也许不必去反问自己，而是把想要传达的信息口述出来或写在纸上，反复审视然后反馈给大脑，确认是否想表达的就是这个意思，想要的就是这个结果。如果不是，差别在哪里？

另外，思考时要把别人的事情视同自己的事情。佐藤认为，这一点是思考整理术的关键。因为是将模糊不清的事物当成信息，还要从中找出问题点，加以解决，如果不发掘跟自己的连接点，不但无法涌现真实感，目标远景亦将变得空洞。

我完全理解一个人生活有诸多不便和困难，但如果这是自己选择的路，还是坚持走走看吧，而好的整理可以帮助我们行走得更顺畅一些，不仅是生活，还有人生。

越害怕，越做不到

有个读者问了我一个问题：

“我高中毕业，单身，智商低、情商低，没有一技之长，也没有存款。不知道自己要干什么，能干什么，可是现在很多工作都要求起码大专学历。我想学中医药膳，但查了资料，就算学出来，没有本科文凭一切都白搭。真的想好好学一样东西让我的工作和收入稳定一点，可是有无能为力的感觉。什么都不会，感觉自己被社会淘汰了，可想想又不甘心。我该怎么办？”

我当时是这样回复她的：

“我觉得你既然能问出这个问题，就不是智商低或情商低的表现。与其说你迷茫，不如说你怕付出了却得不到自己想要的，我不知道是什么阻碍了你去追求自己想要的东西。”

在普通人看来，想要得到却害怕付出，活该你得不到想要的。因为大家的想法都是一分付出一分收获，老天不会亏待任何一个用心、努力的人，这是多么明白的道理。其实这话没错，但这仍然是站在意识层面上去考虑问题，因为对某些人来说，他并不是怕吃苦、受累才不去付出，而是被某种不确定性所折磨——万一付出和收获不成正比，岂不是亏大发了？

“想努力，却担心得不到想要的结果”，这句话的重点不在于“努力”，而在于“得不到”。相对于努力来说，“得不到”这个结果是问问题的人承担不了的，因为这意味着自己很笨、很糟糕。在成长过程中，这种体验被一次又一次重复，以致形成创伤，深埋在个人的无意识中。这是一种信念，当然是负性的信念。

既然明知自己得不到好结果，为什么还要去努力？难道努力只为了证明自己很糟糕？傻子才会这么做！

可是我真的对中医药膳这个专业很感兴趣，我很想努力一把证明自己是可以的，然而、然而……然而，这是一个冲突。

在这个冲突中，我看到了问问题的人一方面有自己很想去做的事情，另一方面她又给自己下了紧箍咒，告诉自己："你不行的，你很笨。"

想想是挺悲哀的。

试想一下，当你看一部很有趣的电影时，你会认为自己不行，以致看不完，从而干脆放弃看电影吗？当你口渴了，你想要拿杯子接水喝，你会认为自己不行，喝不到水，从而放弃接水的"努力"吗？

你可能会说，看电影想看就看，不想看就不看，多简单，还用焦虑吗？喝水也是日常生活中常做的事，3岁小孩都会自己喝水，还用焦虑吗？

你相信看电影和喝水是再简单不过的事情，正常的人都会完成。这也是信念啊，只不过是有关基本能力的信念，所以你才能很好地完成这些事情。而本科文凭的获得相较于这些基本能力来说，可能要复杂一点。可是，你不是因为"复杂"而得不到，而是因为"不相信"才得不到。

如果问问题的人是我的粉丝，我一定会问她："在你的成长经历中，有什么事情让你对自己感到很满意？"她可能会回答："我在游泳比赛中取得过××成绩""我弹钢琴很早就考过了八级""我写作的功底很棒""我画油画很厉害"……"那么，做这些事情的时候有没有焦虑，觉得自己达不到什么样的目标？”对方只能回答有焦虑或者没有焦虑。有焦虑又分成不同的情况：焦虑多一点，还是焦虑少一点。但无论焦虑多少，对方都有可能去试一试，因为她有过成功的经验。

当一个人相信自己做什么事情没有困难的时候，他不会担心“得不到想要的结果”，因为做事的过程就能让人很愉快。

如果还没有做，就开始担心“得不到想要的结果”，那只是他在暗示自己：我行吗？我不行吧！

“我不行吧”，这个念头表面上源于自己，其实是源于一个“被内化”了的声音。这个“被内化”的声音并不是自己的，而是身边某个重要的人做出的某些举动、传递的某些情绪、展露的某些表情让这个声音产生。这个声音促使他产生要做点什么的想法，并去做了，结果未能达到身边那个重要的人所要求的标准，于是又被反证“我说你不行吧”，一次又一次如此反复，以致他形成了确定的认知：我就是不行的。

如果一个人本来可以将某件事做得很好，就像看电影、喝水一样自然，却由于没有达到某个重要的人的标准而反复被贴上“你不行”的标签，这个过程真是蛮让人悲伤的。

这个重要的人有可能是母亲、父亲、外公、外婆、祖父、祖母，总之是把你养大、跟你有长期接触的人，更为悲剧的是全家人都有同一个思维模式：你达不到我们要求的标准，就是你没有能力，你不行。

这就是所谓的“说你行，你就行，不行也行；说你不行，你就不行，行也不行”。

很多时候打败我们的不是能力，而是我们“确信自己不行”这样一个信念。但这个信念不是我们与生俱来的，是别人带给我们的。

当遇到一件非常想去完成的事情，我们想到的不是“做做看”“做到什么程度就算什么程度”，我们不能自然地开始，就像有兴趣看一场电影，渴了想要喝水那样，我们会首先下一个断言：我不能完成！可是我们自己又特别想完成，这种“想却不能”的冲突立即就把我们拉入了焦虑中。

说到这里我想到发生在我身上的一件事情。我的两个女儿都是我独自带大的。带大宝的时候我没有经验，在她2岁左右语言能力突飞猛进的时候，我崩溃地发现她是个结巴。结巴到什么程度呢？说每个字，她都会拉长音调、挤着眼睛、脸憋得通红，才能断断续续地说下去。我吓坏了，因为我们家是有遗传性结巴的，我有一个叔叔是结巴，一个堂弟是结巴，我弟弟说话也有点不利索。我们小的时候都是和舅舅、阿姨以及外公外婆住在一个大院子里的。我弟弟刚学说话的时候有结巴的倾向，舅舅、阿姨们就逗他，学他说话。有时候让他去传个信，人家一见他说话那么费劲，直接打断他并告诉他“别说了”。我不知道当时弟弟幼小的心灵承受着怎样的重压。所以当大宝2岁多，出现了和我弟弟小时候一样的状况时，虽然我还没有多少心理学理论知识，但直觉告诉我，绝不能像亲戚们对待我弟弟一样对待大宝，因为嘲笑、学她说话或打断她说话无疑会强化她的语言障碍。

我记得曾经看过一项调查，说结巴中有98%是假性结巴，只有2%是病理性的结巴，结巴往往发生在初学说话的阶段。后来我就本着一条原则带大宝：她说什么，我仔细听，绝不打断，等她说完再完整清晰地重复一下她说过的话，以便让她有个参考的标准，告诉她这句话是这么说的，而不会当时就重复或纠正她说不出来的话。然后，也就过去了不到半年，大宝再也不结巴了，直到现在，我几乎忘记了她曾经结巴过。

假如当大宝结巴的时候，我急切地纠正她；假如当她在短时间内达不到我所希望的标准，我忍不住骂她笨，那么大宝有可能成为一个真正的结巴。每个结巴的孩子内心都有一份言说不尽的自卑，都经历着他想与世界自由相处却又不自觉地证明“我就是不能流利说话”的冲突。

“你太笨了，话也不会说”，这种隐蔽的声音来自环境的反馈，在这样的环境中会忘记自己原本可以好好说话。

“你脑子转得太慢，我是不指望你能取得什么好成绩了”，这样的回应使我忽视了我原本有做学霸的潜质。

“你太老实、太迟钝，这件事情你肯定做不好”，这样的回应使我放弃了为喜欢的事情努力一把的想法。

想努力却担心得不到想要的结果，到底是为什么呢？你一定很清楚了。

努力很简单，去做就是了，做起来也是个很自然的过程，结果本身就是这个自然过程的外显。阻止我们去努力的，恰恰是外界丢过来的那些曾被我们认为是真理的坏信念。

那么如何打破这个坏信念呢？我觉得首先要相信自己可以做到，就像相信自己饿了可以吃饭、渴了可以喝水、累了可以伸个懒腰一样，然后尽力去做。这比什么都重要。

其次，制订适当的策略以训练自己的专注能力。比如：规定自己在多长时间之内只干一件事，其他的什么也不想；如果发现自己被不相干的事情吸引了注意力，要及时拉回来；可以详细列出所有的步骤，循序渐进；完成之后可以及时奖励自己，以强化、巩固自己的好习惯。久而久之，你会发现让自己专注于什么，暂时放弃什么并不会那么困难，而你想要的结果就自然会出现。

最后，有必要暂时远离那些经常打击你的人：唠叨、不看好你的父母，爱取笑人的亲戚，冷嘲热讽的室友或朋友，不会好好说话的爱人，等等。

CHAPTER 4

第四章

赢者思维，带来赢者人生

搭建高质量的人脉网

前两天和父母吵架，特别想找个人聊聊。把微信好友从头到尾看了两遍，都不知道该找谁倾诉。其实这些“好友”里还是有一些真正的好友的，但A最近才生了娃，还在坐月子；B正在西藏洗涤灵魂；而C是个工作狂，估计这个时候还在加班……

我的微信好友里有真正的好友，有亲人，有工作伙伴、客户、业务往来的合作者，有我尊敬的人，也有泛泛之交，甚至不乏一些说“你好”后就再无下文的陌生人，这些人加起来有660个，可我居然找不到当晚能帮我解决问题的人。再翻翻手机通讯录上的人，2/3的号码已经一年以上没有联系了。

这是一个“人到用时方恨少”的时代。充电5分钟的手机有了，却再也没有能够通话两小时的人；微信好友成百上千人，却找不到一个说知心话的人；平时对话称“亲”“宝宝”的人，很多却连真正的名字都不知道。

自己每一天都和很多人沟通，一派热热闹闹、应接不暇的景象，以为自己好友遍布天下、广结四海善缘，有着所谓的好人缘、优质人脉，殊不知，自己可能已经陷入了“假社交”。

关于“假社交”，王小波在《青铜时代》中曾写过这样一段话：“在我的身边，总有一股热乎乎的气氛，像桑拿浴室一样，仿佛每个人都在关心着别人。你千万别把这当真，因为如果他们不关心别人，就无事可干。”

这多少道出了一些我们现在热火朝天追捧的名词“人脉”“社交”的问题所在，即你的人脉有多少是真正有用的、实在的、互惠的？

“人脉”就和“自律”“终身学习”这些名词一样，已成为这个时代热门的名词之一。任何一个希望自己进步的人都不会落下在人脉上的修炼。即便我们听过很多TED上关于交际、人脉的演讲，熟读许多本“如何打造自己的人脉”类的书籍，参加过很多“经营人脉”的讲座，事实上，大部分人还是没什么高质量的人脉可言，永远觉得自己身边少一个给力的人。

我们之所以很难搭建起高质量的人脉，是因为对“人脉”二字产生了两个误解。

误解一：以量取胜。

经常看到一些文章、书籍，在关于如何积累人脉时会给出这样的建议：“尽量多认识人，无论现在看来这些人对你是否有用。能进入你人脉网的人一定是你认识的人。”“多认识朋友的朋友——二度人脉，即直接不认识，但是有共同认识的人。然后将二度人脉发展成一度人脉，必要时可以让朋友引荐。”看上去没什么问题，可正是因为采用了这类建议，我们才会给自己累积了大量无效的人脉。如果你不清楚自己为什么要结识这个人，未来你跟他进一步交往的概率也就很小。他只不过从过去你不知道的陌生人变成了现在你社交软件里的陌生人，其本质都是陌生。

也许“累积人脉”这个说法本身就有些问题。一段关系的建立、升温——尤其是合作伙伴，不是靠时间“熬”出来，而是本质上你们是有所图的，无论是要共同获益，还是一起完成某个目标，实现某种合作，都需要你们先有一些“基础”“共识”打底。

因此，跑量的人脉等于没人脉。

误解二：不看重交情，只看重相互需求。

很多人认为所谓的人脉就是信息交换、利益互惠。虽然务实得有些冷血，但也是大实话。因为认准了这一条，所以总有一种“有事说事，没事勿扰”的气质笼罩在你周围，觉得彼此的关系中只有利益均等，鲜少感情的成分在其中。

但“人脉”不是说一就是一的事。但凡涉及人，就绕不开情感、情绪、看法，这些很主观、感性的东西。在人脉这件事上大家都喜欢强调对事不对人，但“人脉”的前提是“人”，所以一定有“对人也对事”“对人不对事”的情况。

人脉建立在价值交换上诚然不假，然而没有一个人是绝对理性的生物，“价值”二字有时可能先建立在“我们还挺合得来”“感觉你人不错”的主观感受上。价值或利益输出是建立人脉的捷径，但肯定不是维持人脉长久关系之策。人与人之间并非全是利益交换，利益与人情二者间应该取得平衡，这才是优质的人脉，否则当利益消失时，只有关系崩坏、人走茶凉的结局。

那么，究竟何谓高质量的人脉？又如何去建立高质量的人际关系呢？

高质量的人脉一定满足有效原则，即每一条有效的人脉都意味着这条人脉会从你的身上获得等价值的资源，也就是说，你每拥有一条有效的人脉，都意味着你拥有等量价值的资源。这是一种自身投射（self-projection）。

美国心理学家戴维·迈尔斯在著作《社会心理学》这本书里提到人际交往回报理论：人际交往回报理论的第一个原则是，我们喜欢那些能回报我们或与我们得到的回报有关的人。如果跟某人交往所得到的回报大于付出的成本，那我们就喜欢并愿意维持这种关系。

但仅仅有效还不够，未必能够维持长久，对此戴维·迈尔斯说："人际交往回报理论的第二个原则非常简单：我们还喜欢与那些能让我们心情愉悦的人交往。"

一个能够给你带来很多价值的人，如果需要你克服很大的情绪障碍，做很多心理建设才能与其交往下去，这绝不是好的人脉。为什么？因为不公平，不值得！记得上面那条原则吗？你们之所以能成为彼此的人脉，是因为你们能够为彼此带来相对均等的价值、利益，而并非你有求于他，低人一等。

在我看来，搭建高质量的人脉应该遵循四步。

第一步，目标一定要明确、具体。

想清楚你为什么要建立这段关系。不要仅仅是“对事业有帮助”“以后可能用得上”这类很模糊的目标，而是问自己“希望通过这个人具体获得什么资源、帮助”等具体的问题。

第二步，找准自身定位。

你需要对自己的价值、能力、贡献，以及愿意为这段关系付出的精力有一个准确的评估，这样对方才能清晰告知你是否也愿意等价交换。

第三步，清晰规划。

完成前两步后，接下来你需要问自己：我能从哪里开始突破？采取什么样的行动？我能接受的底线是什么？我希望达成的共识是什么？我对这段关系抱有多大期待？我是否愿意长久维持？……

提前筹谋得越多，这段关系就会越趋于成熟、稳定。

美国社会学家马克·格兰诺维特认为，人际关系网络可以分为强关系网络和弱关系网络两种：“强关系”指的是个人的社会网络同质性较强，即交往的人群从事的工作，掌握的信息都是趋同的，人与人的关系紧密，有很强的情感因素维系着人际关系，也就是“关系很铁”；“弱关系”的特点是个人的社会网络异质性较强，即交往面很广，交往对象可能来自各行各业，因此可以获得的信息也是多方面的，人与人的关系并不紧密，也没有太多的感情维系，也就是所谓的泛泛之交。格兰诺维特认为，关系的强弱决定了能够获得的信息的性质以及个人达到其行动目的的可能性。

其实无论关系强弱，我认为一个能被称为高质量的人脉网应该配备以下五类人才算齐全。

第一类，能谈正事的。

何谓能谈正事的人？能寻求意见、委托办事、请求帮忙的人都算，只要不是你无聊想一起打发时间的人，或出于共同爱好而非利益去玩耍娱乐的人，基本都算。在谈正事这方面，我认为优先选行业、领域里厉害的人先于选信任的人，因为你需要的是信息、资源和理性，而非给自己的情感和情绪找出口。这类人有点像导师的角色。

第二类，能谈心的。

多能干、坚强、理性的人都会有非工作、事业上的烦心事，可能来自家庭、生活或某个对他很重要的人。此时，他需要一个了解他的、倾听他的，更能获取他信任的人来帮助他。

第三类，能陪你玩耍、找乐子的。

再厉害的专家、再知心的大姐姐都未必能陪你疯狂，陪你玩到尽兴。当你想放松甚至放纵一下时——比如去一家你不知道但其实颇有名气的馆子吃饭，周末的夜晚想喝高，想逛街走一天时，你需要这样的朋友。

第四类，能给你树立榜样的。

比如让你感到威胁的、激发斗志的、想要去超越的人。我们每个人身边都应该至少有一位能“刺激”我们变得更好的人。

第五类，尊重、崇拜你的人。

如果你的身边有尊重、崇拜你的人，请珍惜他们。一方面是出于礼节，尊重他人的人应该获得同等的尊重；另一方面，他们现在可能还没办法给你提供同等的价值，但也许在不久的将来，他们给你的回报会超乎你的想象。

总之，高质量的人脉关系，说到底是一种“不求帮忙，但能交换，还有情谊打底”的关系。

“随便”背后的逻辑

你身边有没有这样的人？

一帮人出来玩，定好了地点，十几个人全票通过，商量的时候他不说话，到达地点后开始埋怨，嫌弃这里好脏、好远，不适合自己。

吃饭前问他吃什么，他说随便、都行，上了菜以后，他说自己从来不吃葱，对鸭肉过敏。

开会时，主管询问大家对项目的意见，每个人都出谋划策、积极发言，轮到他时，他说自己还没什么想法，但兴致勃勃地把前面所有人提的建议都点（批）评了一遍。

总之就是你提议什么，他都会习惯性地给你挑刺儿；好不容易对你赞同一次，紧接着马上就一个大转折——“但是”“不过吧”跟在后面；问什么都是笑容可掬地说“随便”，等你把事亮出来，他又开始紧锁眉头，挤出一句：“其实，我觉得吧……”

一个真理：那种越是说“随便”的人，事儿越多。纯良一些的，即便不当面给他“怼”回去，内心也早已给他发了无数差评。

其实一般人挺难板起认真脸去指责他们的，毕竟事儿多的人也不是什么大奸大恶之人，无非是矫情、挑剔了些，让周围的人不爽、内心吐槽的时候多一些。反正我们活在这个世上，不是给这个人添麻烦，就是给那个人找不自在，大家礼尚往来，程度不同罢了。

早些年，年轻气盛时，我不喜欢多事的人，因为和他们相处实在是太磨人了。

比如我有个关系一般的大学同学，在上学时没太多交集，后来因为同在上海工作我们就联系上了。毕竟是同窗校友，过去情谊再寡淡，也胜却大城市擦肩而过的许多陌生人，所以就相约一起吃了几顿饭。

第三次见面时，她开始和我掏心窝子地诉说大龄女青年单身的压力，家人、亲戚洪水猛兽般逼婚，朋友、同学们的适龄婚育……这些让她在夜晚心急如焚，所以请我帮她介绍对象。

我当时随口一问：“你有什么要求？”

她丢给我一个灿烂的笑容，说：“随便，没啥要求。”

那时的我还比较天真，没有领教过“随便”这两个字背后隐藏的杀伤力，并且比较热心，刚好我先生身边也有单身、适龄的同事，觉得他们也许可以试试，所以就接了这个媒人的活。

结局出人意料。我没指望自己能牵线成功，但也没料到两个原本陌生的人能那么快就站立在对立面。

两人第一次约会结束后我就接到同学的电话，第一句就是“你怎么介绍这样的人给我啊”。然后，她就开始说男生的各种缺点：太瘦、不够高、脸上有痘、发型老气、穿着笔挺的西装来约会像卖保险的、声音不够浑厚……

在她中场休息喝水之际，我弱弱地问了一句：“你不是说随便吗？这男生条件其实还行啊。”

“我是说随便啊，我条件真不高，可你这个也太随便了吧。”同学甩出这句话。

于是我只能默默跟她断了联系。

那些喜欢把“随便”挂在嘴上的人，最可怕的地方不是他们没有标准和要求，也不是标准和要求过高（虽然这也是问题之一），而是他们的标准一直在变化，你永远也拿不准这群谜一般的人到底要什么。

喜欢说“随便”的人就和喜欢说“看感觉”“看心情”的人一样，他们今天可能迷恋芭比娃娃，明天又会爱上泰迪熊，谁也不知道他们怎么想。喜欢说“随便”的人会让人觉得他们标准不定、捉摸不透，骨子里非常挑剔却又缺少挑剔的资本，和他们相处、合作将会是一场旷日持久的内耗。

以前我也是一个喜欢“跟着感觉走”的随心派小青年，年纪渐长，发现生活还是“算计”着去过好一些。“算计”不是斤斤计较、费尽心机、丧失情调，而是多一些理性和坦诚。这样反而省事。

过去约饭局，别人征询我的意见时，我也会说“随便”；现在，如果对方真心询问，我会明确告知“只要不是猪肉，是辣的我都喜欢”。

过去大家一起出去玩，讨论去哪里时，我会说“随便，去哪儿都行”；现在，我会告诉大家“只要不爬山都可以”。

很多人误以为“随便”就是随和，不给他人添堵，其实亮明态度、告知想法、明确标准才是尊重，因为你节省了猜测的时间，减少了被拒绝、被嫌弃的可能性。

当然，不能一竿子打翻一船人，的确有喜欢说“随便”的人刚好真的是一个很随便的人。在小事上他主动放弃自己的一些原则和标准，以和为贵也好，真不介意也罢，他愿意真正把主动权交给你，并且任何结果他都能欣然接受，不抱怨、不马后炮。如果你遇到了，请好好珍惜身边这样的人。

不过另外两种“事儿多”的人会让人越长大越喜欢他们：

一种是虽然要求很多、挑剔，但意图在于让事态往更好的方向发展，而不是浪费彼此时间和精力的人；另一种是自己有理时绝不顶着“大事化小、小事化了”的帽子轻易让步、委屈自己的人。

第一种人，我欣赏他的韧性；第二种人，我欣赏他的勇气。总体来说，我欣赏的是二者强烈的原则感。

在生活中，有原则感的人可列为“稀有物种”。随波逐流、紧跟大趋势、不要成为异类……环境种种、发展种种、人心种种，让“原则”变成了天边的浮云——大家没事抬头看看就好了。每个人都叫嚣着想要不平凡庸俗、不落入俗套，但无奈只有心向往之，身体还是不由自主地喜欢往扎堆的地方狂奔。

反而是那些因为手绘表格上的一根线条颜色与其他线条颜色不一致而果断弃用耗时两小时的表格的人，因为买来四个月的鞋子开胶而给厂家拍照、写邮件据理力争的人，坚持和不愿沟通的同事把事说开的人，他们让我觉得，带着一颗属于自己的笃定的心行走于世，也许充满艰辛，但内心坦荡舒服。

不过，这些人反而最不在乎是否舒服，在他们的世界里，更在乎的是good（好）、better（很好）、best（最棒）、使命必达、问题被解决等让普通人唯恐避之不及的挑战。更神奇的是，当一个人成为这类褒义的“事儿多”的人后，全世界都会给他让道。看看古今中外那些取得巨大成就的人，哪一位不是这样的人。

总之，人生在世，即便自己成不了巨人，也千万不要“随便”去做不招人待见的那一位。

给别人有价值的反馈

日本松下电器创始人松下幸之助有一次在餐厅招待客人，一行6个人都点了牛排。等6个人都吃完主餐，松下让助理去请烹调牛排的主厨过来，他还特别强调："不要找经理，找主厨。"助理注意到，松下的牛排只吃了一半，心想一会儿的场面可能会很尴尬。主厨来时很紧张，因为他知道客人是大名鼎鼎的松下先生。他紧张地问道："是不是牛排有什么问题？"

松下略带歉疚地说："牛排很美味，但是我只能吃一半。原因不在于厨艺，牛排真的很好吃，你是位非常出色的厨师，但我已80岁了，胃口大不如前。我想当面和你谈，是因为我担心当你看到只吃了一半的牛排被送回厨房时，心里会难过。”

如果我是那位主厨，不仅会被松下先生的教养折服，更会被他用心良苦的反馈感动。人人都需要或者希望被理解。很明显，作为客人，松下先生懂得主厨在意什么——尊严。

好的反馈始终是心中有他人，而不是现在流行的“硬怼”。很多时候提供反馈其实并不是一件容易的事，一旦尺度没有把握好很容易变成批评。这也是为什么大家更倾向于保持沉默。在我们的意识里，认为产生分歧和提出建设性批评意见会不利于人际关系。

可是，像松下先生那样的反馈谁能不喜欢呢？反馈也有好坏之分，主要包括3个等级。

- 最劣质的反馈：没反馈，直接否定，完全不接受和认可。

没反馈——当对方征询意见或看法时，直接以沉默对待，或者用“挺好的”“还行吧”这样简单、敷衍的语言回复。

直接否定——A：“如果你的表格能做得清晰一些就更好啦。”B：“我觉得已经挺清晰了。”

完全不接受和认可——永远只看到缺点，不给予积极的反馈。最典型的例子就是小时候即便考了全班第一，父母也只会说“别骄傲，下次继续保持”，而非“你真棒，我们为你感到骄傲”。

这样的反馈有两个特点：你无法从中获得有效信息，这种反馈会让人在情感和情绪方面受到不良影响。

● 稍好一些的反馈：不直面问题，模棱两可，讨好。

较之于最差一等，这个等级的反馈能让人获得一些信息，但信息的有效性却未必好。

不直面问题——沟通中，当你抛出问题时，另一方总是顾左右而言他，让你得不到最直接的答案。有时我会收到邀请为某个专栏写稿，稿费自然是我关心的问题之一。当我在了解清楚对方的需要和要求后开始谈及稿费，对方的回复立马显得“兵荒马乱”。比如，我问：“你们的稿费是如何计算的？”对方会说：“我们平台有几十万粉丝，这对您是一个很好的曝光机会。”其实，我宁愿他直接告诉我没有稿费。

沟通是有时间成本的，如果你明知对方会在意某一点而自己无法满足，不妨在一开始就说明，这样彼此也可以考虑是否继续下去，或者可以换个思路去寻求合作。

模棱两可——这样的反馈会让人很无奈，因为通常当人们寻求反馈时，希望能够听到明确的、清晰的，更偏结论性的答案或指引。而给出模糊答案的人，通常是由于想得不够清楚、立场不够明确或压根儿就没有理解问题等，无法做出有效反馈。

我曾和一位前同事一起讨论某位难搞的客户，希望能够尽快“拿下”他。在一开始我阐述了此次沟通的目标：找到解决方案让他成为我们的签约客户。同事洋洋洒洒写了一白板的针对这位客户的分析：

客户特征是……，客户需求是……，我们能提供的帮助是……，看上去相当全面。

但这并不是一种有效反馈，原因有两点：

第一，她的分析里有不少难以自洽的地方。比如，同事指出“该客户家境优越，不介意购买优质服务”这个特点，但在后续分析我们服务的优势时她提到“与竞争者相比，我们的产品一大优点是价格低廉、性价比高”。

第二，只陈述表象，缺少分析。就像“该客户家境优越，不介意购买优质服务”这个结论，并不是同事通过亲口询问客户得出的，而是根据客户背的名牌包得出的。显然，客户有钱不代表他愿意在某一方面花重金。

模棱两可型反馈虽然看上去也是面面俱到，但与全面、合理的反馈不同，难以自洽、缺少分析是它最大的问题。

讨好——这种反馈通常发生在面对位高权重或对其有所图的对象时。我们担心自己的真实反馈会影响既得利益，所以不得不用“深深的套路”去讨对方的欢心。

● 最好的反馈：环境宽松+认知准确+感受良好。

那么，究竟什么是最好的反馈？其实就是能从环境、认知和感受三方面都得到好的体验。

环境——在猜测别人对我们的看法时，我们总是会去假设最糟糕的情况——如果无法获得反馈，我们就像盲人摸象，这将带来不必要的压力。而解决方案就是在人际关系和工作场所中营造一个“宽松的反馈环境”。

第一，开门见山，明确目标。尤其在奉行效率和效果优先的职场沟通中，这一点更为重要。所以，不妨直接告诉对方为什么会有这次沟通，此次沟通你希望达成的目的是什么，你希望对方给你在哪些方面提供反馈。

第二，避免抵触和防御心理。反馈中我们可能会接收到一些“不太合自己心意”的，甚至是有冲突的信息，这时要提醒自己不要恶意揣测对方的用意。获取反馈，正是希望自己得到不同看法，能够改进工作、丰富认知。所以，一旦进入反馈模式，请务必保持开放的心态。

第三，表达感激。愿意为你花时间的人，都值得我们好好感谢。

认知——反馈是一件共同合作才能完成的事。倾听在反馈中当然非常重要，但这不代表当你向对方寻求反馈时，只带着耳朵就好。你要随时告诉对方你得到某个反馈后的理解和感受，这样才能促成反馈呈螺旋上升的轨迹继续下去。

第一，信息明确。好的反馈一定是能让人明确接收到所需要的信息的。这个信息可以是一个答案、一项指示，或者是提供渠道、提出计划让对方明确知道下一步要做什么。

第二，懂得适时停止。吸收、消化信息需要时间，思考、酝酿想法需要时间，当寻求反馈的问题超出你所能提供的帮助范围时更需要暂停。反馈不是非得即刻就产生效果。

感受——需要被理解。好的反馈一定会让提问者有被完全理解的感觉。所以，不妨在反馈的过程中时时问问对方是否理解了你的意思，及时了解自己的反馈是否跑偏。

反馈需要提供有建设性的看法，但这并不意味着一定得用教导、居高临下或者批评的口吻去说这一切，认可对方的提问和已有看法可以促使交流更加顺畅。还有，要多使用第一人称，比如“我们”，而不是第二人称“你”，可以以此来拉近双方距离。

法国批判现实主义作家司汤达曾说过：“向随便什么人征求意见，叙述自己的痛苦，这会是一种幸福。”我想如果还有另一种幸福，那就是能得到有价值的反馈。

别用“打工思维”去工作

先来做个测试：

1. 每个月最开心的日子是发工资这天？

2. 工作中遇到难题时，习惯性地“问问老板的意见”或者“找 × × 商量一下”？

3. 薪资和职位在两年内都没太大变化？

4. 这一年每天工作的内容都差不多，几乎没什么变化，没学到新技能？

5. 下班后就想关掉手机，远离工作上的事？

6. 工作时喜欢清闲，只要清闲就有种赚到的感觉？

7.总有“安排的工作能拖就拖，因为早干完老板又会安排别的工作给我”这样的想法？

8.对工作的看法是“这只是一份工作，我需要它是因为要生活、糊口”？

9.认为老板和员工总是对立的？

10.认为拿多少钱干多少活？

11.不喜欢被安排不熟悉的工作？

12.对目标没什么概念，让老板觉得自己表现好才是关键？

这12个测试题，如果你的肯定回答占一半以上，说明在工作中你是典型的“打工思维”。

那么，何谓“打工思维”？

它是对工作的一种认知和态度。有“打工思维”的员工最常抱有的想法是“我只不过是为别人打工的”。在工作中，因为自己员工的身份更容易陷入被动思维和行动，对工作的认识是做每件事都觉得是在为老板和他人做。

“打工思维”最常见的8种表现是：

1.赚到的工资刚好够维持生存。

2.即便在办公室工作，可能也是依靠体力、惯性而非智力干活。

3.工作主要是靠混，上班等下班。

4.更关心如何能让老板看得起，而非目标和结果的实现。

5.一天一天等工资，而非积极创造价值。

6.对工作缺乏甚至毫无动力。

7.在公司架构中长期处于底层。

8.用时间换钱，除此之外别无其他收获。

“打工思维”并非一无是处。对于没有太大野心的员工来说，在职场上带着这种思维工作至少能让自己少承担压力，工作相对容易、单纯。但它最大的弊端在于：有“打工思维”的员工极其容易被淘汰。因为“打工思维”这种求稳、被动、只在乎当下而不考虑未来的属性与当今变化的时代有所冲突——谁在这个时代求稳、不变，谁就会被淘汰。

与“打工思维”相对应的是“老板思维”“创业思维”或“股权思维”，几个概念大同小异，这是当前社会所提倡的一种思维，它有两个特征。

第一，这是让自身效益最大化的一种思维。工作中无论自己的身份是员工、老板还是创业者，都能利用一切资源使自己或自己的公司拥有更大的单位时间产出。

第二，看重未来的利益空间，甚至会破釜沉舟为此牺牲眼前的利益。

愿望是美好的，可有句话叫“不在其位，不谋其政”。作为一名普通员工，我们受所处境地、既得利益、自身能力的限制，很难让自己真的用“老板思维”去对待工作，因为做得不恰当很有可能事与愿违，给老板、同事带来不好的印象——觉得你没有做好本职工作、瞎操心。

所以，与其倡导员工变“打工思维”为“老板思维”，不如现实些，思考哪些思维方式对职业生涯事关重大。在我看来，想要成为优秀卓越的职场人，有四种思维方式不可或缺。

● 自我管理思维。

彼得·德鲁克在《自我管理》里提到的几点很值得职场人去思考。

第一，“我的长处是什么”和“我的工作方式是怎样的”。

对这两个问题的思考其实是在帮我们解决如何提高工作效率，让效益最大化的问题。同时也能让我们有更清晰的自我认知，可以在职场角色转换、职业平台变化时耗时最少地走上正轨。

第二，“我属于何处”。

在清楚自己的长处和工作方式的基础上明确“我属于何处”，其实是在帮自己筛选出那些不适合的工作甚至是排除诱惑，这能够减小我们走弯路的概率。

第三，“我如何学习”。

可以说这个答案决定了在漫长的职业生涯中，我们的后劲有多足，究竟能走多远、站多高。

● 关注“事实”而非“感受”的思维。

罗素曾说过：“不管你是在研究什么事物，还是在思考任何观点，请只问你自己‘事实是什么’以及‘这些事实所证实的真理是什么’。永远不要让自己被自己所更愿意相信的，或者你认为人们相信了之后会对社会更加有益的东西所影响。只是简单地去审视，什么才是事实。”

职场上关注“事实”的益处在于你可以更多地摈除“人”的影响，从而更好地投身到“事”——目标、困难、问题、危机——当中。解决问题、实现目标是一个优秀职场人的标配。更重要的是，关注事实真相就是学会质疑，而质疑是追求进步与卓越的基础。

● 用“高阶版”的自己去面对工作的思维。

推脱责任、逃避困难、喜欢待在舒适区，这些都是人之常情，挑战自我、历经磨难从来都不是人类的本能。矛盾的是，希望成为更好的自己却又是我们天性中所追求的，所以面对困难和问题时，“低阶版”的“我”习惯躲避、推卸，但需要强迫自己用“高阶版”的“我”去面对工作中的一切挫败和不顺。

“让我来完成……”

“让我来承担……”

“我愿意为……负责。”

“我想要尝试……”

“高阶版”的自己并非没有恐惧，而是能够用更主动的态度去面对恐惧，然后正视工作中的一切遭遇。所以，下一次面对工作中的难题时，不妨先“退出来”想一想，那个更好的自己会如何处理这一切。

●“不妨一试”的思维。

工作中，即便有时你努力错了方向，也比你什么都不做要好。至少前者在探索，而后者只是在原地踏步。

导致我们原地踏步的原因可能有很多：害怕损失、纠结利弊、追求完美……但无论借口多么美好，原地踏步的后果就是什么也得不到。反而，放开手脚“不妨一试”可能会带自己走出僵局和困境。

无论是制定出更清晰的目标、合理的奖惩机制，还是想办法与合作者建立相互信赖和亲密的人际关系，本质上都是在做行为上的改变。任何结果的变化都是由一连串的行为操作引起的，所以想要实现好的结果和目标，只下达命令、领导喊话或施压是不可能真正见效的。我们必须找出与结果最相关的那些行为，通过一些方法让它们更好地为实现目标服务。

我们可以基于测评、观察、信任、明确这四个象限去提升自己的执行力，实现目标。

第一象限是测评，在测评中目标应该是可量化的，方便测量和评价。比如，3月份的目标是提高英语听力水平，这一目标应该被详细化为能听懂VOA（美国之音）里80%的内容。

第二象限是观察，要根据实现目标的手段，观察方法是否合理、可操作，执行者的行为是否正确。比如员工操作手册、SOP（标准操作程序）的制定。

第三象限是信任，它主要是针对与合作者建立良好的人际关系而设置的。知道了这点，我们就可以去寻求解决人际关系的一系列方法。

第四象限是明确，即问责和报酬机制的建立要清晰。当中应包含责任人，期限，检验目标实现的标准，奖励的标准、时机、内容等各项。

所以，职场中可怕的从来都不是“我是为别人打工的”，而是对这种想法习以为常，永远带着这样的态度去处理工作。

千万别透支你的人生

在创投圈有个专业名词叫“烧钱率”，是指新公司尚未实现经营现金净流入之前，消耗其现金或风险资本的速度，通常以每月所消耗的金额来量度。放在个人身上，简单来说就是你（乱）花钱的速度。

前段时间我看了一份消费贷款报告，在不含房贷、车贷的情况下，用贷款来应对日常生活消费的人群超过五成。其中“90后”已然占据了消费贷款用户群的“半壁江山”，占比高达49.31%。统计数据显示，这届年轻人提早透支了信用，以贷养贷用户占比近三成，群体负债率高达18.50%。

但生活在“透支年代”，我们豁出去的又何止是钱？在“透支年代”，你都透支过哪些东西？

如若张爱玲至今健在，那句“出名要趁早”后面恐怕还要再接一句“买房更要趁早”。

这届年轻人，最大的透支恐怕就是买房。相关数据显示，2018年我国首次购房者平均年龄为29.5岁，而印度人、加拿大人首次购房的平均年龄是31岁，英国人、美国人是35岁，德国人和日本人是41岁。虽说90%的首次购房者要依赖贷款，但在买房这件事上，这届年轻人妥妥地领先别的国家。

还有在透支身体这件事上我们也是蛮拼的，几乎是用放飞自我的态度去吃和睡。

吃饭基本靠“外卖小哥”。难怪大家感慨，这年头，能在宿舍和公司楼下默默等着你，给你送上温热的早饭、午饭、晚饭，不管严寒酷暑、刮风下雨总会很耐心的男人，只会是“外卖小哥”了。至于睡觉，不管白天多累，晚上都舍不得睡，有种不熬夜就没有好好过完一天的精神。

除此之外，透支起脑力来也毫不含糊。

如今，做内容的要懂运营，做运营的要懂产品，做产品的要懂消费心理，懂消费心理的你得懂定价和溢价。试问谁的手机里没几款学习类软件？谁没上过几节付费、听书等五花八门的课程？大家上班时“头脑风暴”抓KPI（关键绩效指标）、通勤路上接踵摩肩自我提升，就连放假时朋友圈里的小伙伴们都是这种精神，试问自己的脑子还怎么好意思歇着？

都知道透支“劳命伤财”，可为什么我们还是忍不住往坑里跳？

有位“90后”的朋友，办公室里“70后”的同事调侃他：“我们‘70后’喜欢存钱，‘80后’们热衷投资，而你们‘90后’擅长负债，然后让父母替你们还贷。”话虽不好听，但确有几分真实。可我们为什么那么轻易就过上了“透支”的人生？物质丰盈、没有压力、不自量力、盲目消费、管不住自己……每个理由都有几分靠谱，但又不尽然。

梁文道曾在《圆桌派》上提到过“要求欲望即时被满足”是促使我们容易透支的重要原因之一。以前你要买辆车、做一件衣服，整个流程是复杂的、需要等待的，但现在我们要求的欲望被即时满足，没有任何延时。

“从前的日色变得慢，车，马，邮件都慢”是一种美，现在则是一个“慢不起”的时代。效率、风口、热点、快消费……这些概念，削弱了我们“等待”“缓一缓”这类本领。加上付费技术的“推波助澜”，晃一晃脸就能花钱于无形中，透支来得实在太容易。

此外，社会学里有个名词叫“占有性个人主义（Possessive individualism）”，大意是我们喜欢用占有和拥有的东西来证明、界定自己的存在。在笛卡尔的时代，证明自己存在的方式是I think，therefore I am（我思故我在）；而消费主义时代，则变成了I shop，therefore I am（我买故我在）。

正如法国哲学家让·鲍德里亚在《消费社会》中所说的“人们从来不消费物的本身（使用价值），人们总是把物用来当作能够突出自己的符号”。有时候，我们需要尽情消费来作为表达自己的一个出口。

不“爆卡”、不透支的办法有吗？恐怕很多人会抬出“理性消费”这个建议。可问题是，对于习惯性透支的人来说，自己的理性总在透支前就先败下阵来。我的建议是，不妨把“理性消费”先放在一旁，试试“理想消费”。

“理性消费”看着是浅显易懂的道理，实则需要的是控制力，我们要去和自己的本能、人性做斗争，很难。而“理想消费”则不同，它和判断力有关，因此更容易做到。

商业模式里有个概念叫“理想点模式”，大意是每个商品属性里都包含一个消费理想点（类似黄金分割线），越接近理想点的品牌，越可能成为消费者选择的目标。比如，一家三口住一室一厅的房子太小，住两三百平方米的房子又太大且贵，一百平方米左右的两室一厅可能最合适，在商品房里，这个尺寸最容易被三口之家选购。

所谓“理想消费”，就是把钱、精力、智商、情感用对地方。做好以下两个方面就可以实现。

第一，顺应本心找到自己消费的理想点是什么。

比如，如果你爱吃的水果是橙子而不是车厘子，那就没必要跟风去追求“车厘子自由”。

当保温杯里泡枸杞、人手一本CPA（注册会计师证）成为一种标志时，不妨想想凉茶和枸杞哪个更合适因每日吃外卖正在上火的你。

比起无效率、无规划的“充电”（未必能让我们职场之路走得顺利），看看烘焙书做出的小饼干倒是可以拉近你和同事们的距离。

有人告诉你要懂得“花钱买时间”，所以要舍得打车、请保洁阿姨清扫房间。听上去好有道理，但别急着下单，花几分钟想想自己用花钱买下的时间可以做什么有价值、有意义的事。

如果只是更长时间宅着、打游戏，还不如步行、自己搞卫生，顺带还能强身健体。

总之，找到自己的消费理想点，从一件件小事上最大程度降低生活中各种透支的可能。

第二，提升一下自己的判断力。

人人都想有和明星一样站在聚光灯下的时刻，但穿明星同款这种表层消费模仿并不能让自己成为真正的明星。想要享受被聚焦的15分钟是需要一定的判断力的。只有提升了自己的判断力，你才能知道于自己而言，什么是对的、适合的，而不是去追随别人描述的那些炫的、热门的。

如果当年Coco Chanel（可可·香奈儿）女士只想着去打造一款更好看的女士包，估计就不会有Chanel 2.55问世了。一条简单的金属链肩带让女性史上第一次解放了双手，能够不是把包拿在手上，而是背在肩上。正是Coco Chanel那与众不同的判断力才赋予了Chanel 2.55深意、实用性，使其成为经典。

把消费行为扩大，不仅仅局限在金钱上，“理想消费”意味着：别随便从众加班透支生命，而是想办法提升工作效率、完成KPI，老板和你都有好日子过；上课、打卡前，以现在和未来是否用得上为考量标准，而不是冲动或为了制造自己努力好学的假象付费。

让·鲍德里亚还说过：“个人与社会，都只有在出现盈余或多余的可以浪费的时候，才会感到不仅是生存而且是生活。”透支和出来混一样，迟早都是要还的，不管是金钱、身体还是头脑。也许，我们所追求的美好生活根本不需要吟着诗走向远方。手里稍微有点儿“余粮”，已然就是岁月静好。

能者多劳，多劳多得

“小张，你上次和这个客户打过交道，有经验，帮忙看看这次我给他做的方案行吗？”

“小张，我要去参加女儿幼儿园的毕业典礼，剩下的PPT就麻烦你帮我做一下吧。”

“小张，与A团队的会议你也一起参加吧，作为旁观者给提点儿意见。”

“小张，这个项目急着要，今晚帮忙加加班把项目赶出来吧。”

……

类似上面这些“请求”，你在工作中没少听吧。事不关己，本可以爽快拒绝，但他们总会给你戴一顶高帽子——能者多劳。于是，你乖乖地“束手就擒”。

“能者多劳”应该是职场中最美丽的一个陷阱了。八竿子打不着的事，只要同事或领导称赞一句“能者多劳”，瞬间就可以让你化身成为“蜘蛛侠”，扛起“能力越大，责任越大”的旗子去助人为乐。“能者多劳”这四个字里包含着某种夸奖：我能干人家才麻烦我啊，要是庸才谁理你？这几乎是个无懈可击的糖衣炮弹。

但长久以来，我们都对“能者多劳”会错意了。

“能者多劳”出自《庄子·列御寇》：“巧者劳而知（智）者忧，无能者无所求，饱食而遨游”。本意是能干的人做事多，劳累也多；它还有另一层含义，指能力强的人酬劳也应该多。现实中，公司、老板、同事，甚至我们自己都只把第一层含义用得炉火纯青，完全忽略了第二层含义。

的确，有能力的人在职场或生活中常常被赋予更多的责任及期待，但多出来的这些责任和期待应该是有偿的。能者多劳没有问题，但后面还应该接一句“多劳多得”。

如果你还沦陷在“能者多劳”这个美好的陷阱中无法自拔，那要小心了，因为“多劳”的未必真就是能者，也可能是“无能”。

也许你真的是“能者多劳”，但过于“多劳”容易让自己迷失目标和方向。

既然是“能者多劳”就一定涉及多任务处理，而多任务处理的一大坏处就是容易享受事情堆积起来的满足感而丢弃了最需要去完成、解决的事。

我的一位朋友在一家专给企业做培训的公司工作，他的本职工作是搭建培训体系，但因为老板说“能者多劳”，他最后莫名其妙变成了一名销售。

老板觉得：“既然培训体系材料是你编写的，你应该最能说得透，所以内部培训的工作就交给你来做吧。”于是他担负起了给自己公司做内部培训的工作。

做完内部培训后，培训部的人又觉得他应该把销售部的人也培训一遍，这样他们在售卖课程时才能更加准确地介绍内容，于是我这位朋友又和销售部门扯上了关系。

给销售部的人做完介绍后，领导觉得：“既然你能把咱们的产品讲得如此到位，那和 × × × 公司谈合作这事就你来吧。”

最后我这位朋友反而因为这些“多劳”而耽误了本职工作进度，挨了上司的批评。

虽然现在的职场讲求“T”型人才——既要有“一”的广度，也要有“丨”的深度，但那条竖线才是每个职场人安身立命的本钱。“一个人成为一支队伍”，这支队伍的质量一定不怎么高。况且，“能者多劳”的人未必真的会因为被当作能者而开心。

美国杜克大学、乔治亚大学、科罗拉多大学曾合作调研过一个项目，他们想研究当每个人都找职场中的能者解决问题的时候，能者的心理感受如何。调研结果显示，这些能者其实并不开心。

对能者而言，他们会觉得有时候这些期待、寻求帮助是负担；而且在薪资同等的情况下“多劳”只会让人心生不快，能力强的人会觉得不公平；此外，人们通常会低估完成任务所需付出的心血，当能者帮忙的任务出现状况时还会反受责备。帮忙无偿，责任我扛，该问一句“凭什么”。

另外，能者往往也是“过度承诺”患者。但有时候能者包揽了过多的事情，而自己的实际能力、精力等却未必应付得过来。并且“过度承诺”患者因为“大包大揽”很容易使自己长期处于焦虑状态，而焦虑是很多疾病的重要诱因，比如抑郁症、糖尿病、免疫系统疾病等。

除此之外，“过度承诺”患者在心理上也会反映出一些问题，最主要的问题在于他们对自己的行为或其他方面的界限意识很模糊。

所以，下一次有同事、上司给你戴“能者多劳”这顶“帽子”时，自己先要评估一下脑袋是否能够以及愿意撑起这顶“帽子”。

在“不能够”或“不愿意”的情绪下还答应对方，不是能者而是伪能者。而不做伪能者是生活和工作中的必修课。这堂课需要请求方和当事人共同参与。

作为请求帮助的一方来说，如果对方在你眼中真是能者，请给予真正的尊重，而非只说漂亮话。真正的尊重就是对得起对方为你额外所付出时间、精力、资源。如果对方需要报酬就请给他钱，想要更高的头衔就请提升他的职位，想要赞美就请不要吝啬你的夸奖之词。

能者多劳，多劳多得才是最有诚意的感谢。

作为能者自己来说，需要辨识清楚自己是真的想要做多劳的能者，还是只是那个不好意思拒绝、习惯了大包大揽的伪能者。

解决这个问题需要找到自己人生信条里的关键点，也就是三个“最”——最主要、最想要以及最需要的是什么？

比如，如果你此生追求的就是“放荡不羁爱自由”，那就没必要用客气、乖巧的面孔去对待亲戚们的逼婚。

如果你上班的目的就是尽自己最大的努力赚钱，那你需要的是努力完成项目，认真对待客户，而非赚办公室里“人真好”的口碑。

毕竟，生活中做最真实的自己，职场上做最强大的自己，才是真正的能者。

CHAPTER 5

第五章

别做职场“囚徒”

按时下班，才是真高效

最近，好友从纽约来SC镇找我玩。我们在乡间小路上散步，聊起了九年前工作时对对方的印象（我们之前是同事）。

好友说，她对我印象最深的一件事是，刚一起工作不久的某天，快到下班时间了，她做好了加班的准备，问我打算干到几点。我却一脸严肃地对她说“我要按时下班”。“你几乎每天都能做到，太神奇了。也是从那时起，我才知道真的存在按时下班这件事。”

实在惭愧，“按时下班”居然成了我职场上的高光时刻。九年前，还没有“996”这样的说法，但在上海每天加班的小白领也是数不胜数。职场人总被“努力工作”“打鸡血”，可很少有人告诉我们高效工作也很重要。

如何高效工作？作为一名长期与按时下班奋斗在一线的职场人，我强迫自己尽量做到以下三点。

第一，要把按时下班当成KPI去完成。

毕业后的第一份工作中，我被加班虐得很惨。当时作为管培生轮岗，通宵学做报表、熟悉SOP（标准作业程序）、核对库存、彻夜不眠地为升岗考试准备……后来跳槽后情况好转了一些，但新公司就是那种“把加班当家常”的氛围。

偶尔一次，读到英国作家威廉·毛姆在《总结》这本书里写的，他每天只工作3小时。早起后先看1小时书，然后吃早餐，早餐后9点左右开始工作，奋笔疾书伏案写3小时停止。全天剩下的时间就是各种消遣、运动、见朋友。

毛姆坦言，他“3小时工作制”的想法是受了达尔文的影响。达尔文每天只有两个时段做研究，第一个时段是早上8点到9点半，第二个时段是上午10点半到12点。每天的核心工作时间只有3小时。

这些例子在操作层面来说，对我这个小白领完全没有参考价值，毕竟，毛姆和达尔文不需要打卡、通勤，而且他们是自己当老板，工作时间、地点和内容的自由度是和我不同的。但确实引发我思考两个问题：我是不是可以尝试把工作在8小时内完成？假如可以，我要如何才能做到？

对于第一个问题，我的答案是肯定的。蒂姆·库克凌晨4点半起来发邮件，埃隆·马斯克每周工作120小时，说得过去，毕竟俩人肩上扛着大公司，一堆事等着他们去拍板。但作为一名普通职场人，公司既不需要我去决策，手下也没有一支团队等我去养活，长期加班一定是自己出了问题。

所以，想要按时下班，第一步从抛弃成见开始。“我们这个行业就是如此”“工作必须辛苦”“大家都加班，所以我也应该如此”。问问自己，是你甘愿把自己扔进那样一个环境中；还是你懒得改变。如果能把“按时下班”当作KPI一样去完成，你就为减少加班开了个好头。接下来要做的是，如何做到不加班或者少加班。

第二，不是更辛苦而是更聪明地去工作。

“更聪明地去工作”可以分为两个等级。初级做法在技术层面上，包括培养选择性忽视的能力和建立“低信息食谱”。

比如，朋友在咨询公司工作，PPT不离手。新人时，他花大量时间力求做出一份完美的PPT，从字体、颜色、风格到图片，都力求精益。但几年后成为咨询经理，他知道在这一行，一份提案整体故事情节的逻辑、数据的准确、图表的清晰以及高度凝练的标题和总结是最重要的，所以他只在这几方面下功夫，其他方面则是能放就放。

再比如，有些公司喜欢开会，“集思广益、提提意见”。面对这种突如其来的会议，如果你没有提前准备，要靠临场发挥，还不如想办法推掉。会议效果有你没你差别不大，但省下来的时间对自己很宝贵。

选择性忽视就是放弃“两手抓，全都要，务求完美”的想法。

建立“低信息食谱”这个概念是我从美国畅销书作家、演讲人蒂莫西·费里斯（Timothy Ferriss）那里学到的。蒂莫西·费里斯认为让自己免受习惯性干扰的方法是少看新闻、少上网（有需要去图书馆上网查阅），避免自己借查资料之名被网络套牢。对于上班族来说，习惯性干扰包括不定时冒出来的邮件、信息，建议可以在某个时间段，统一进行回复，而非看到就回。蒂莫西·费里斯说，固定时间统一回复信息的方法，能节省27%的时间。

对付突如其来的干扰，我跟前任领导学了一个很好用的方法。每次有同事临时找她谈事情，她的做法是问：“紧急吗？如果不紧急能不能××时间再来找我？如果紧急，1分钟之内能把事情说清楚吗？如果1分钟内说不清楚，请写邮件给我。”

她的考虑是：1分钟内说不清的事，要么不紧急，那就不着急处理；要么比较复杂，那就通过写邮件整理思绪，比口头讲更清楚。同时，她还顺利地把球踢回给对方，能更专注在自己的工作上。

“更聪明地去工作”进阶做法是从思维上转变工作方式，如帕累托法则。

帕累托法则就是我们常说的二八定律，这一概念起源于意大利经济学家维弗雷多·帕累托。他指出，在多数领域中20%的变因操纵着80%的局面。比如，20%的人掌握着世上80%的财富；运动训练中，20%的练习和习惯对整个训练产生80%的影响。

大学同学在房地产公司工作几年后升任部门领导，多了一项任务——培养新人。但她发现带新人的效率很低，不同批次的新人入职，她要把相同的内容再讲一遍，但又无法判断新人是否理解；更郁闷的是，花费时间精力培养的新人可能不久就离职，之前的口舌都白费了。

为了解决这个问题，她参考上司和其他部门领导的意见，针对自己部门的新人写了一版新人入职工作流程，从该部门必知的几大知识点、考核内容到报销、领取办公用品这些小事，她把能想到的规定、要求和经验都写了进去。

做这份简易的工作流程花了她两天的时间，但再来新人时她先丢工作流程给大家学习，有不懂的地方新人提问她再作答，效率大幅提升，效果很好。

对职场人而言，帕累托法则的核心是，只做最重要的事情，你才能减少整体工作的时间。

很多时候，一定要时间紧迫，你才更有可能专注于手头的工作。而让时间有紧迫感的最奏效的方法就是给上司、甲方"放狠话"出去，缩短期限来提高生产力。

第三，为工作之外的时间找到积极的意义。

之前看过一句话印象颇为深刻，"没有一定的利益，一般人是没有动力去好好利用时间的"。同理，如果下班后的时间是无所事事、没有追求的，自然也很少有动力去追求按时下班这件事，反而加班还能给自己努力上进的错觉。

毛姆每天只用3小时来写作，但3小时之外的时间他没有偷懒，会用在读书、记笔记、思考、做运动上。就算是参加聚会、招待客人这些看上去不务正业的事，他也不忘记用一个旁观者的身份去观察身边的每个人，从他们身上提取素材用在自己的小说和戏剧中。

总得在工作时间之外找到更吸引自己、更想去追求的事，让这些事“勾”着你，比如，下班后还有副业赚外快、充电或者刚交的男/女朋友等着你，你才有动力追求按时下班。

努力工作很重要，在鼓励以工作为荣，把工作介绍当自我介绍、工作成就当人生成就的今天，努力工作几乎是我们立足于这世上的根基。但努力工作不应该等于“加时赛”，我们也应该鼓励用更聪明的方法去工作，追求按时下班。唯有认真“断电”，才能来日再战。

外在形象也是竞争力

一位上进的职场人会告诉你，在职场上，我们要拼的是业绩、效率、情商、沟通能力、团队合作……总而言之，是实力。但一位优秀的职场人会告诉你，现代职场早已不是只拼实力的时代了。

两年前我担任团队领导时需要给所带的团队招聘新人。招聘帖发出去收到了很多简历，其中一位英国海归硕士的履历吸引了我。印度尼西亚志愿者，新加坡专业比赛大奖获得者，去非洲大草原救治过动物，在大别山支过教。有这种国际化、多元化的背景的人正是我们公司要找的人，所以我一点儿都没耽搁，就给对方打了面试邀请电话。

不过，在我见到这位海归硕士第一眼时就决定，无论她有多优秀，我都不会录用她。并非我武断，她脸部油腻的T形区、熬夜后留下的黑眼圈、写满困乏的脸和匆忙间没有对齐的衬衫纽扣都在向我呐喊“还等什么，请直接淘汰我吧”！

她的经历展现出她具有很强的实力，但她的外形让我对她的实力产生了质疑。外在形象在职场上有多重要？至少值800万吧。这是我的第一份实习工作教我算的一笔账。

大学即将毕业时，我在一家房地产公司做实习生。我所在的部门是运营拓展部，主要负责为公司在长三角地区的所有楼盘征募大公司的广告牌位。当时我们团队和世界顶级数码相机公司的谈判已经到了关键时刻，只剩一家公司与我们竞争，看谁能拿下最后的合约。

终极谈判那一天，我们和竞争对手公司一起在甲方的会议室里竞标。走进会议室时，对手公司派来的5位谈判者让我记忆犹新。他们穿着统一、合体的职业装，女性脸上是得体的淡妆，头发要么是利落的短发，要么盘得一丝不苟；至于男士，胡须刮得干净，领带是端正的，白衬衫没有一点儿褶皱。不知为何，谈判还没开始，我就觉得自己这边已经“矮人一截”。

倒不是我们有多邋遢，但从外在来看，我们团队有穿职业套装的，也有穿牛仔裤的，有化了妆的，也有完全素面朝天的，整个士气很弱。更糟糕的是，那天巨热无比，大家下了出租车走到谈判地点时，所有人几乎都已经湿透。坐在会议室里，大家呼哧喘气，满脸满身都是汗，完全一副进城逃荒的模样。

最终我们失败了。告别时，甲方公司对我们的团队领导说："其实你们的实力挺好，开出的条件也够诚意，但另一家在这两方面也不比你们弱，并且他们代表的公司形象整体感觉非常好，让我们觉得更放心、更专业。"——一单价值800万的生意因为外在形象，就这样与我们擦肩而过。

所以，最顶尖、最优秀的职场人不仅是最有实力的一批人，更是外形俱佳的一批人。只拼技术、业绩的时代早过去了，现代职场，内外兼修才是王道。

当然，我所说的"外形"并非指颜值有多高，而是你是否能把自己打理得清爽、干净，穿衣得体，让自己的精气神饱满。伦敦吉尔德霍尔大学曾做过一项调研，发现：职场上，外形平凡的男性比外形好的男性少赚15%，外形平凡的女性比外形好的女性少赚11%。

心理学中的晕轮效应也很好地诠释了这一现象：当认知者

对一个人的某种特征形成好或坏的印象后，他还倾向于据此推论该人其他方面的特征。人们之所以更喜欢同外形好的人合作，是因为认为他们更有帮助。人们对外形好的人倾向于做出更积极的判断，同时也愿意和他们建立更好的合作关系。

这其实是有道理的，因为在职场上，注重外形的人至少说明他具备了以下三项品质。

第一，注重外形的人都很专业。专业化不仅体现在技术、能力、待人接物等方面，很多时候是从一些细微的事情上折射出巨大的效应。

曾任雅虎CEO的玛丽莎·梅耶尔虽被封为“硅谷最美丽的女人”，但她并未仗着自己颜值高就放任自流。梅耶尔深知“时尚是一种艺术形式，更是个人在生意场上的重要标签”，她合身的夹克、刚及膝的A字裙、鲜亮的颜色，让人们总能从一堆人中一眼就发现她。所以梅耶尔也被誉为“硅谷最会穿衣的10位CEO”之一。

大部分人都很难摆脱首因效应。在第一眼看见一个人时我们很难就洞悉他的才华、实力，因此我们会不可避免地通过外在形象去判断，所以专业的职场人都懂得如何利用外形去赚取印象分。

第二，注重外形的人，本质上是在展现自律。从表面上看，一个注重外形的人是在展示自己的容貌、身形，其实反映出来的是他的自律。

光是洗脸、刷牙、洗脚这样再正常不过的小事都不是每个人能天天坚持完成的，更何况身为上班族，每天工作8小时甚至更长，经历一两个小时的通勤，回家可能还要写计划、回邮件，谁都想早上能多睡一会儿，所以很多人宁可牺牲早餐时间，只为按掉闹铃能再睡10分钟。后果就是急匆匆地起床，随便抓件衣服套在身上，用水把脸弄湿就算是洗了脸，然后一路小跑、衣衫不整、大汗淋漓地踩点打卡。

可就是有人永远都能够带着清爽的妆容、衣着得体、气定神闲地出现在办公室。他们并不比谁更多些时间，只是克己、自律，让习惯变成本能，始终展现自己最好的一面。我的上司曾说过一句让人难忘的话，她说："能够一直带妆上班的人都是狠角色，她们容不得自己半点儿不好。"

第三，注重外形的人，其实是心中有他人。我曾一度以为看重外表的人非常自我，他们总想在别人面前展现自己——容貌、气质、身形各方面，就是想让别人称赞自己。

其实不是这样的，在职场上影响别人对一个人的印象不仅仅是这个人的情商、智慧、沟通技巧，还有他的外形。一个实力再好的人，如果他每天上班顶着油腻的头发、满脸油光，并且有着外人难以接受的体味，友好的合作、顺畅的沟通、和睦的相处，就都是“浮云”。

对同事、上司、客户最基本的尊重首先是打理好自己的外形。那么，如何才能提升自己在职场上的形象呢？有一些基本的法则是每位职场人都需要知道的。

原则一：穿质地较好、贴合身形的职业装。

原则二：女士化得体的妆容；男士注意毛发问题，尤其是鼻毛外露。

原则三：不要有体味，如果容易出汗建议使用止汗喷雾。

原则四：脸部看起来永远干净、清爽、不油腻。

职场相处不只是交流

徐静蕾导演的电影《杜拉拉升职记》中有这样一幕：高层要来视察，公司开始装修，谁也不愿意做。莫文蔚饰演的上司玫瑰就把这个“烂活儿”给了杜拉拉，而自己这时候开始开小差，三天两头请病假。杜拉拉顶住困难完成了装修。等领导来视察时，玫瑰的病神奇地好了，会面大老板，于是一切都成了她的功劳。杜拉拉这只小白兔只好成了“幕后英雄”。

这是非常典型的职场斗争。作为职场新人，以为只要自己真诚对待别人，就能够避免职场上的纷争。但每一个人处在不同的位置上，都有自己的利益考量，比如老板看重的是公司利润，同事看重的是职位升迁、工资与奖金，目标不同、资源又有限，矛盾和冲突在所难免。

工作久了，你会发现那些最恐怖的斗争不是明枪，比如领导的批评、与同事的争吵，而是防不胜防的暗箭。职场“暗箭”非常容易导致员工产生职场抑郁症。在日本，患有职场抑郁症的人已经突破百万。所以，日本情绪障碍症协会（Japan Society of Mood Disorders）已经开始对此进行专项研究和治疗。

通常，职场上的“暗箭”有以下几种：

第一，争夺资源。人脉、渠道、客户……只要是对自己有用的人和事，都要迅速占有。占有好的资源意味着更好地完成业绩、实现目标，加薪升职自然也就水到渠成。

第二，乘虚而入。类似于《杜拉拉升职记》里的那个例子，论功劳和苦劳你都是首屈一指的那个人，但奖赏时功劳却被抢走。

第三，背叛。也许与你平时关系最好的那个同事，最后往往会成为你最大的竞争对手。可能会为了升职、加薪、进修的机会，成为最先与你交恶的人。

如果在工作中遇到了这些纷争，不妨牢记下面这四条建议：

建议一，不要把同事当亲人。

通常来说，亲人是能够无私帮助你，很少给你造成危害的人，而同事很难上升到这层关系。

我见过很多初入职场的年轻人，包括我自己，到了一个全新的环境，遇到看似和蔼的同事就开始心生信赖，对对方掏心掏肺。职场是一个复杂的社会，任何夹带在工作中的“私情”，或者那些因为亲密关系让你不设防讲的闲话和八卦，都有可能会使你身陷困境。所以，和同事保持距离是个不错的选择。

建议二，不要随便对同事表现出亲疏。

在工作中我们会有合作更愉快、更谈得来的同事和关系一般的同事，虽然对一个人有好感往往不由自己把控，但要尽量缩小这种喜好厌恶的差距。关系上的亲疏远近有时候在领导眼里可能就变成了拉帮结派或站队伍，在人际关系复杂的大公司尤其如此。所以，最安全的做法就是尽可能与人人都为善、友好。

建议三，不要全盘相信。

职场上的一些话有可能只是场面话，对方心里想的与他最后做的决策往往和一开始对你说的不尽相同，我们要学会持保留态度。职场上，很多时候，在还没有弄清楚状况前，保持中立的态度比较妥当，直到有一天，你弄清楚了哪些人说的话该相信时，再亮明态度会更好。

建议四，没有永远的敌人。

可以与人保持距离，但是绝对不可以与人交恶。就算觉得某些人真的不可理喻，或者真的跟某人在职场上发生了争执，主动去道个歉。这个行为会让你少了一个敌人，而这个人在将来的某一个时间，或许又会变成你的贵人。

另外，相较于同事之间的纷争，处理好与上司之间的冲突才更困难。这个人掌握着你在职场上的“生杀大权”，不能消极躲避，也不能直接两军对垒，明目张胆地开战。究竟如何处理才能既解决矛盾，又让领导觉得舒服呢？

法则一：永远不要与领导正面起冲突。

也许你的领导是个和蔼可亲、兼听明理型的人，即便这样，也不要在有其他同事在场的情况下直接与领导发生冲撞，以致陷入尴尬境地。在职场上，领导有他们自己的颜面、地位、尊严和权威需要维护，从而才能够拉开距离去管理团队，身为下属要明白这套规则。

所以，采用迂回的方式与领导共事是个不错的方法。

当初我们公司的老板想带大家去某个公园做团队建设，可这个地方大家私下里去过好多次了，实在没什么兴趣。人力资源部门的主管了解到这些信息后，并没有在会议上否定老板的提议，而是在会议结束后把自己的方案和大家的看法告诉了老板，既保全了老板的颜面，又有效解决了这个问题，一举两得。

法则二：尽量避免反馈给领导否定、负面的信息。

试想一下这样的场景：领导正在询问你的工作进展，你确实在项目中遇到了一些困难，所以进展不是很顺利。此时如果你把负面信息如实汇报给上司，比如进度缓慢、资金不到位、缺乏专业人员、变数太大，自己也不知道何时能完工，这样你后期的工作会更难开展。

反馈神经生物学中关于积极和消极反馈有个“临界点”的说法，超过临界点的消极反馈对情绪有所损伤，会引起“战斗或逃跑”现象，所以减少让领导情绪失控的机会是下属的职责。在汇报负面信息时，我们最好多谈些办法去补救。

我的前同事玛丽在这方面做得就很到位。领导询问她某项工作，即便这不是她的分内之事，她也从不会用“不知道，这不是我负责的工作”去回应上司。她会告诉领导这项工作的负责人是谁，如果有需要，她很愿意去了解一下进展然后进行汇报。用这样的方式既让上司知晓了负责人，又能给领导留下一个积极、热情的印象。

其实任何一种职场纷争，无论结局输赢，都是有成本的，要么伤了感情，要么失去利益。所以能够和谐相处、融洽合作是最专业、聪明的职场态度。

做一个不断增值的职场人

在职场中，每一位职场人都要对自己30岁以后的职场生涯敬畏三分。因为职场上一个很残酷的事实是，过了30岁，你只有两种选择：晋升或者出局。

我的朋友小飞今年32岁，他是一家致力于做企业内部培训的公司的资深培训师，他为很多企业做过内部培训，工作业绩一直很好，最近他的日子开始不好过了。

过去每天工作8小时不够用，现在每天的工作只要一两个小时就做完了；自己主动找工作做，做完了报告给上司，上司一般都说，我知道了，然后就没有了下文和反馈；同事都彬彬有礼，但是和自己开玩笑打趣的少了，下班后也没人约自己一起娱乐。

更重要的是，原来部门有一些工作，按惯例都是他去做的，现在上司一般都会让新人去做，偶尔主动请缨，上司笑呵呵地说，多给年轻人一些锻炼的机会嘛。

小飞说自己也没得罪谁，工作上也没犯错误，怎么感觉自己突然就不受待见了？

小飞是典型的在职场中被边缘化了。也就是说你从架构上而言，还算组织成员，但已经无法进入组织的核心及从组织获益。你在组织内的位置处于临近边界处，承担的工作对组织绩效低价值或低意义，职场人际关系呈现表面化，失去学习或者晋升的机会。

难道人过30岁，在职场上就真的丧失竞争优势了吗？

不可否认，年纪越大，在职场上的劣势也会越明显，主要集中在三个方面：

第一，不容易走出“舒适区”。

我们开始工作的年纪一般是22—25岁，做事风格、工作习惯、擅长的领域等在经过近10年的工作历练后都开始成形，走向成熟。虽然现代社会人们更换工作的频率较之过去有大幅度的提高，但因为分工越来越精细，对专业要求越来越高，大多数时候我们还是会选择在熟悉、做过的领域和行业去择业，而不会轻易打破壁垒去跨行。这就使得我们对某一个行业、某一职位、某一项技能尤为熟悉，形成了深度的积累，这是好事。但是，大部分职场人的专业技能和知识积累到一定高度后，上升轨迹就停止了，因为更精深的专业技能和知识的获得不仅仅是靠重复过去的工作那么简单，越往上进步也越困难，而本能促使我们躲开这些困难，去选择待在更容易、更舒服的区域。

如果你在25岁打算学编程未遂，30岁将更难开始。

第二，家庭影响。

这个世界根本不存在工作和生活的平衡这件事，如果有，一定是背后有大量的人力、物力在支持。

美国著名影星安吉丽娜·朱莉，她是好莱坞电影明星、社会活动家、联合国难民署高级专员特使、英国伦敦政治经济学院“实践客座教授”，同时还是6个孩子的母亲。你看到的是她身兼数职还能照顾好孩子，做一个好母亲，没看到的是家里一堆保姆、用人在帮她操持家务、照顾孩子。

所以，身为职场人，无论男女，结婚生子后都不可避免地会受到来自家庭、伴侣、孩子的“打扰”，装修房子、带生病的孩子看医生……这些事情都会占用你工作的时间和精力。而大部分人在30岁时已经建立了比较稳定的家庭，有了自己的孩子。

第三，野心消磨。

我相信每一个刚踏入职场的新人都曾揣着雄心壮志，想要在岗位上有一番作为。有一小部分人做到了，但更多的人只是在时光的流逝和重复劳动中消磨了自己的野心，让自己用惯性而非头脑去工作。

无论是看开了、看透了，还是看淡了，通常雄心壮志、拼搏冲劲与年龄大小成反比。

难道大龄人士在职场上真的一无是处吗？非也！

首先，工作年限越长，意味着工作技能越娴熟。

虽然“长江后浪把前浪拍死在沙滩上”的事时有发生，但大部分行业和工作还是认可“姜还是老的辣”这句话。因为年龄的增长意味着你对自己所处的行业熟悉程度的提升，无论是解决困难，还是承上启下、推陈出新，都比一个零经验的职场“菜鸟”（想要用他们，企业先要投入大量的培训）更省管理和人力成本。

其次，工作年限越长，意味着各方面都更加专业化。

通常，我只见过工作不久的新人会在工作中碰到压力、困难而大哭的现象，或者为难以融入某个团队而抱怨，以及有了情绪觉得自己受委屈了就把辞职信丢给上司的情况。老员工很少会做这么失控的事，他们会更专注于自己的价值和利益，所以很少会让情绪、团队合作、沟通等事情成为工作上的障碍。

所谓的职场“老人”就是懂得如何更好地聚焦自己的一亩三分地。

既然各有利弊，我们如何才能让年过30岁的自己在职场上继续增值，不轻易被淘汰？

步骤一，你急需认真做一番自我剖析。

无论是面临生活上的重大选择、事项，还是工作中遭遇的问题，我们其实很少从自身角度出发去做分析，往往更愿意先从解决事情的角度去入手。想要去解决问题并非不好，但往往问题的根源不是事情本身而是我们自己，我们常常本末倒置。

比如，求职时，我们首先不会去想：自己到底想从事一份什么工作？为什么喜欢？曾为此做过哪些努力？希望在这份工作中有什么样的发展和收获？这些正是从“我”的角度去分析的。但我们通常的做法是从“在这里就职的前辈说不好”“父母觉得不够稳定”“大家都投了简历那我也投吧”这些外在方面去考量。

大部分职场人都急需耐心、认真地做一次职场自我剖析，想想30岁以后自己在职场上的发展轨迹。前文提到的彼得·德鲁克的建议很值得我们去思考：“我的长处是什么”和“我的工作方式是怎样的”。

想清楚自己目前拥有的筹码，从以下两方面入手。

第一，“我属于何处”。

在清楚自己的长处和工作方式的基础上，明确“我属于何处”其实是在帮自己筛选出那些不适合的工作，甚至是排除诱惑，这能够减少我们走弯路的概率。

第二，“我如何学习”。

这个答案决定了在漫长的职业生涯中，我们的后劲有多足，究竟能走多远，能站多高。

30岁以后，我们会在自己的职场生涯中有不同的选择。如果打算这辈子在一个行业稳扎稳打做到底，那需要有一颗能沉下来的心去钻研，不仅仅是简单的一万小时定律那么简单，还需要有适合的人给你及时、中肯的反馈以及自己的刻意训练。

步骤二，如果打算转行跨界，需要做好以下三方面。

第一，离开时，确保在原有领域做出成绩。

一定不要在最颓、最衰、最丧的时候选择离职，不管未来你有多成功，都不能抹去在此时此刻你临阵脱逃、不负责任、能力欠佳的形象。而且临阵逃脱很容易降低自信。

第二，善用资源，物尽其用。

著名社会学家、斯坦福大学教授马克·格兰诺维特写过一篇著名的社会学论文《弱联系的强度》，提出的看法是“人脉的关键不在于你融入了哪个圈子，而在于你能接触多少圈外人”，即“弱联系者”，因为他们与你的背景、资源、掌握的信息不太重合，所以更有机会帮你实现转行。

第三，不走寻常路，才能走出自己的路。

只有当你有特色时，新雇主才会对你产生兴趣，愿意去琢磨你的价值和无限可能。比起职场上的不可替代性，最好也最容易的做法是想想自己的特殊才华在哪里。毕竟，前者需要得到很多人的承认，我们难以把控，而后者则可以尽在自己的掌握中。

步骤三，选择在30岁以后暂时离开职场重返校园去读书充电也是一个不错的选择。

我身边已经有3位好友选择在而立之年“回炉重造”。但不能因逃避工作、从众心理去读书，如果你的情况符合下述四类之一，充电是个好选择。

类型一：需要通过深造才能跳到更好的平台。

类型二：你有明确想要从事的行业，希望能深入该领域。

类型三：你想转行，需要返校学习相关领域的知识作为跳板。

类型四：无关喜好，深造纯粹是因为工作上的硬性需要，比如科研院所评职称，想在高校从事教职工作。

小心职场抑郁症

昨天接到D的电话，说正在考虑是否要回老家找份轻松点的工作。D就职于一家世界顶级咨询公司，一年有一半的时间做“空中飞人”，最熟悉的地方却只有各地各国的机场；年薪不少，吃的最高级的饭通常却是商务舱的餐点；住了不少五星级酒店，自家装修好的房子却待不了几天。

虽说D的工作确实辛苦，但待遇也着实不错，于是我问他：“这么好的工作辞了不可惜吗？回老家你可就屈才了。”

D说工作忙、压力大他都能扛住，但最近一个多月，他在工作时间经常胃部疼痛、头晕目眩，甚至不由自主地开始抽噎和哭泣。他去医院做了检查、看了心理医生，得出的诊断分析是极度缺乏休息、营养不良，外加职场抑郁症。

“没想到我这么没心没肺、身强体壮的人也会中了抑郁症的招儿。”D无奈地说。

职场抑郁症的研究发端于日本，这是日本职场中普遍存在的一种心理疾病。由于近10年日本职场人士因为工作而患有抑郁症的人已突破百万，由此造成的自杀人数和经济损失过于惊人，所以日本情绪障碍症协会已对这一疾病进行立项研究。

职场抑郁症的最大特征是，患者在私人时间里能够正常、愉快地和朋友们来往、参加休闲活动，一旦进入工作模式，就会感到精神抑郁甚至伴有生理上的疼痛。如果下述症状你中了一半，你可能已经患有职场抑郁症。

1. 对自己目前从事的工作认同感较低、看低自己。

2. 不愿意和周围的同事有积极互动、合作。

3. 工作时间精神萎靡、情绪沮丧或易怒。

4. 工作倦怠、对工作结果不再关心或持续焦虑。

5. 对工作中的大多数事物怀有抵触情绪，比如领导、企业文化、办公环境等。

6. 下班时间也会因为工作上的事焦虑、担心。

7.因为工作而产生生理疼痛，比如头痛、胃痉挛、肠绞痛、头晕。

8.记忆力、反应力下降，进食过量或厌食，睡眠障碍。

职场抑郁症一般不容易发生在职场新人身上，而工作已有段时日，或者刚转换了岗位、部门、新的工作环境的人容易患上职场抑郁症。导致这项心理疾病的原因主要有四点。

第一，作息时间。如果作息时间非常不规律，比如长期熬夜、轮班、跨时差工作，就会影响生物钟，造成内分泌失调，从而诱发职场抑郁症。

第二，工作压力。如果从事的工作具有非常大的竞争性，长期处在人事斗争激烈的环境中，需要在紧迫的时间内完成任务，或者需要定期进行业绩汇报，比如销售，也容易患有职场抑郁症。

与之相反的另一种“工作压力”是工作过于轻松、简单，难以满足个人心理上的成就感和获得他人的认同感，也就是觉得自己的工作没有价值。这类人，如果稍有野心或上进心，也容易患上职场抑郁症。

第三，工作环境。这里更多地指精神上的环境。当和同事关系不融洽、缺乏合作和支持的伙伴、需要独自承担更多工作时，因为压力难以排遣，积久成习就会抑郁。

第四，频繁变动。无论是经常换岗还是频繁跳槽，都需要不断地适应新环境、新同事，这不仅会造成很大的生活压力，也会使自己的精神长期处于无法放松的状态。因为任何新事物容易带来新鲜感，同时也会带来警惕性，由此也会导致职场抑郁症。

● 你是哪一款职场抑郁症？

早稻田大学心理学教授小杉正太郎在《职场抑郁症》一书中把这项心理疾病分为：力竭型、认输型、丧失型、逃逸型四种。

第一种：力竭型。如果在学生时代你是优等生，有些自负又有较强的责任感，容易患上力竭型职场抑郁症。这类人从小习惯了优秀，认定的目标一定要实现，所以会全力以赴甚至“超载”投入工作，直到身心俱疲。他们在别人眼中也许只是一名工作狂，别人也看不出有何异样，直到有一天，他们会因为体力透支、压力过大而精神崩溃或者猝死。

第二种：认输型。如果你是做事认真但又不太善于表达自己情绪的人，有可能会患上认输型职场抑郁症。这类人由于受到不平等对待、上司提出不合理要求时不敢发声，只能郁闷忍受。

第三种：丧失型。通常意志脆弱的人会因为工作上遭遇重大变故，精神无法承受而患上职场抑郁症，比如自己的工作岗位突然没有了、刚刚开展的重要项目戛然而止等。

第四种：逃逸型。如果你是自尊心很强的人，或者身处要职、曾经创造过不错的工作成绩，那要小心自己患上逃逸型职场抑郁症。这类人可能因为职位的变动、短期内没能取得满意的结果而喜欢沉浸于过去的荣耀。现状令他们自尊心受伤，精神也容易崩溃。

● 摆脱职场抑郁症的关键。

工作虽然没有义务为我们提供愉悦和欢乐，但也不该成为折磨。不要等到接近临界点或崩溃时才开始重视，而是在平时就要防微杜渐。以下方法可以帮你有效抵抗职场抑郁症。

第一，创造积极抗体。如果你的抑郁来源于同事的负能量，不妨尽可能远离他们。比如，减少和同事一起抱怨，而是尽可能去用积极的态度回应对方，或者多和正能量、乐观的同事待在一起。

第二，给自己洗脑。积极心理学之父、美国心理学会主席马丁·塞利格曼曾在TED里提到5个积极心理习惯：写一封2分钟的E-mail，表扬一个你认识的人，写下3件你觉得感激的事，花2分钟记录下一段积极的经历，做30分钟的有氧运动，冥想2分钟。这5件事里，每天能坚持做1—2件，已经足够减少工作带给我们的负面情绪了。

第三，睡眠乃竞争之母。为工作牺牲睡眠是普遍的事。但哈佛医学院医师查尔斯·蔡斯勒（Charles A.Czeisler）明确表示：如果你想要提升自己和公司的绩效，就得注意睡眠这个基本的生物学问题。睡眠不足将消耗大脑前额皮质中的葡萄糖，而它是负责我们自控力的。充足的睡眠可以储存葡萄糖，帮助我们在工作中减少犯错、提高效率。所以，睡得好才能干得好。

总之，工作是人生的重要组成部分，我们有责任与它和谐相处、善待彼此。

别让自己成为职场“囚徒”

小凡来找我做职业咨询时刚工作半年。她从上海一所重点高校研究生毕业，历尽各种面试、笔试，“斩杀”了众多对手后，最终突出重围拿到了一家世界排名前五的快消公司的录用通知。刚过完试用期转正，没想到来找我咨询的第一个问题竟然是“我要不要辞职”。

小凡辞职的原因不是对薪资不满，也不是觉得公司未来没前途，而是同事J让她很泄气。

J在这家公司已经工作4年了，KPI不算优秀但也没垫底，4年来始终维持中等水平。但J总是有意无意在小凡面前“唱衰”

部门和公司。比如，小凡参加完新人培训会后觉得未来一片光明、斗志满满，J就在一旁带着似笑非笑的表情说："又给你们新人画饼呢？"

小凡跟着J去见潜在客户，连她一个新人都看得出只要J加把劲儿"临门一脚"，该客户就被"拿下"了，J却不温不火地说："无所谓，你再对比一下别家我也可以理解，各有所长嘛。"结果，最后那位客户就被竞争对手公司签走了。

还有，午饭时小凡和另一位新同事聊起未来的职业规划，认为"3年资深，5年主管"，J冷不丁地来一句："你们对公司还真是死心塌地啊。"

小凡很困惑，她工作了半年觉得公司各方面都不错，自己干劲十足，但每次J总是无形中泼冷水，小凡说："J在这家公司干了4年，肯定比我更了解这里，这让我越来越怀疑自己的选择是不是错了。"

还真不是小凡耳根子软、没主见，J这种很容易把别人"拉下水"的员工，即我们所说的职场"囚徒"。

职场"囚徒"这一概念是指既不会正面宣传公司的形象，又不会努力工作，而且还打定主意继续留在公司的一类人。这些人并不是一般意义上的不敬业者——他们非但不努力工作，而且还不去另谋高就，既缺乏进步的动力，也没有离开的勇气。据统计，像J这种在同一公司任职4年的员工，职场“囚徒”的占比达7.7%。

根据上述定义我们可以发现自己身边的职场“囚徒”不乏其数，甚至我们自己就是其中一分子。

职场“囚徒”看上去像是被“卡”在了自己的职业生涯中，并且随着时间的流逝，当事人在卡壳中逐渐消磨了斗志、放弃了改变的意愿，最终变成了职场中上司不青睐、同事不亲近、新人不尊重的一类人。

我相信大部分初入职场的人都曾像小凡那样万丈雄心、斗志昂扬，但最终一部分人无可避免成了J，这种变化是由内外两种因素造成的。

从外因来看，一个企业的薪资体系和晋升体系设计是否完善、执行是否到位会在很大程度上影响一个员工的成长走向。

一般认为，没有合理的绩效管理和薪酬设计容易导致职场“囚徒”的出现。的确如此，但相关调研认为这个“不合理”并非是公司薪酬给少了，相反，是给得高于市场平均水平。高于市场平均水平的薪酬是“囚徒”群体形成的原因之一。

这也是为什么J对公司充满了冷嘲热讽却依然在那里做了4

年，不是忠诚，也不是懒，而是自己算完账后发现个人的既得利益还是很划算的，所以能混就混、能忍就忍。

另外，长久在同一岗位做同一业务也容易变成职场“囚徒”。

我并非鼓励大家积极跳槽、频繁换岗，而是自己心里要清楚，随着年限的增加，自己做这份工作的轨迹是持续水平状还是螺旋上升状。

没有进步和挑战的工作非常容易让人进入混日子的状态，而混日子的人多数是没有正能量的。

我把一个人对一份工作的感觉分成6个时期：蜜月期、磨合期、成熟期、瓶颈期、厌恶期、惯性期。

一般辞职的人基本“败走”在磨合期、瓶颈期或厌恶期3个阶段中的任意一个，而职场“囚徒”们比较有意思，通常他们都熬过了前5个阶段，进入第6阶段惯性期后就再也难以产生变化。但这种“熬过”并非是那种克服困难、咬牙坚持、积极励志熬过，职场“囚徒”的熬过是消极的，这种消极多由内因造成——他们对业务烂熟于心却又害怕接受挑战、脱离舒适区。一言以蔽之就是职业理想或职业抱负的缺失。

我们要承认职场上总有不少人是“求安稳先生”“差不多先生”“混日子先生”和“怕苦怕累先生”。

国内曾有一个人力资源网站做过一项关于职场“囚徒”的调研，有超过万人参与了此次调研，其中近15%的参与者认为自己是职场“囚徒”。

甄别自己或身边的同事是不是职场“囚徒”不能仅从工作业绩来评估，因为他们的绩效虽然不太高，但也绝不算差；他们不会完全抹黑公司，但也不会用积极的态度去宣传公司，以公司为荣。总体来说，他们最突出的特点就是对工作和公司的认同感不高。

想从“囚徒”的卡壳中脱离出来有三种从轻到重的方法可供参考。

第一，轻量级：多接触正能量、有野心的同事。心理学中有一个定律叫吸引力法则，大意是思想集中在某一领域的时候，跟这个领域相关的人、事、物就会被他吸引而来。如果你是一个想寻求改变的“囚徒”，那就应该尽早寻求一种氛围让自己的不满、埋怨和不认同有所减弱。

第二，中量级：申请调离岗位、挑战新任务。工作和爱情一样，想要在稳定的基础上维持新鲜状态是需要刺激物的。我们很难让自己避免对数十年如一日的工作内容和模式产生审美疲劳，但我们可以换个岗位、开始新技能的学习以及接受新挑战来让自己对工作再次心动起来。

第三，重量级：辞职。如果你是重度“囚徒”——不容易受他人影响且认为这份工作几乎一无是处，但确实又想改变，那只能对自己下狠手了——辞职。彻底换个新环境让自己重新上路。因为釜底抽薪、破釜沉舟、革旧鼎新的结局未必不好。

如果你身边的同事是职场“囚徒”，请参考我给小凡的第一条建议：务必远离。

CHAPTER 6

第六章

会爱自己，才能赢得爱情

选对伴侣，跑赢人生

一个好伴侣对自己的影响能有多大？讲两个我身边的故事吧。

阿静是我的邻居，从小两家家长熟识，我们一起长大，有过很多美好的回忆。她是那种特别开朗、积极的女生，确切地说甚至有一种过头的积极。比如上学时，老师当着全班批评她题目答错了，一般的学生肯定会脸红害臊甚至难过得落泪，阿静的则完全不同。她会当着全班同学和老师的面说“下次我会更细心一些”，然后附送一个大大的微笑。那画面像极了日本青春漫画里元气爆棚的少女。

后来我去了外地上大学、工作、定居，和她断了联系。听说阿静在本地读完大学后留在了老家，嫁给了高中同班同学磊。磊成绩不好，只读了大专，毕业后进了一个国企做技术员。阿静的父母一直反对这门婚事，磊是一个没什么上进心，平时下班就喜欢和一群朋友喝酒吹牛，对未来也没太多想法，赚两百就花两百的人。把女儿交给这样的男人，父母不愿意也能理解。无奈阿静一往情深，父母拗不过也只能随她。

再见阿静时已是“儿女忽成行”的年纪，休假回老家，我去蛋糕店拿订好的给爸爸过生日用的蛋糕，与阿静偶遇。她的变化让我震惊。30岁出头的阿静，因为身材变形和眼角的皱纹，看上去已然比实际年龄大许多。发小许久不见，自然有很多话要聊，可是阿静三句话都离不开对自己老公的抱怨和这段婚姻的不幸。磊喝醉酒打了领导被开除，工作一直不稳定，家里的经济和照顾孩子的重担几乎都是阿静一人在扛。过去磊会对阿静说很多甜言蜜语，现在说得最多的话就是“别忘了下班回来给我带两瓶啤酒”。

“不是没想过离婚。”阿静说，“可是老公除了不上进、好吃懒做一些也没什么恶习，况且女儿才4岁，没了爹日子更不好过，家里总不能没个男人。”

这实在让人感叹，一个受过本科教育、30岁出头的女性，也能把这样的话说得如此熟练、自然。

“唉，我这辈子就这样了，为了女儿凑合着过吧。”这是阿静的无奈之语。

另一个故事是关于我大学同学辉的。

辉从小学习成绩不好，初中毕业后一直四处晃悠，没个正经工作。家里比他小的弟弟、妹妹都独立、结婚生子了，只有他还是处在工作、感情都是三天打鱼两天晒网的状态。在35岁时他遇到了敏——一个来自农村，没受过太多教育，在商场做服装营业员的女孩。

辉和敏俩人一见钟情，但辉全家都不同意这桩婚事。最后，经过一年多的分分合合、吵吵闹闹，二人有情人终成眷属，虽然并没有得到父母的祝福。

敏有服装销售的经验，一直想自己租个摊位单干，所以就拿出自己的积蓄和向亲戚朋友借来的5万做起了小老板。她负责售卖，辉负责每天去批发市场拿货和淘宝线上售卖，虽然辛苦，但夫妻二人齐心合力生意很不错。

结婚前的辉经常拿着公文包假装去上班，实则四处闲逛，眼高手低瞧不上很多工作，每天兜里的钱不超过20元；结婚后的他踏踏实实和老婆过日子、赚钱、攒钱，3年就付了新房的首付，有了自己的小窝。辉经常说的一句话是“娶了敏真是我的福气”。

这两个故事就发生在我身边，它们似乎不约而同地验证着一件事：人生伴侣的选择兹事体大。

的确，从小到大我没少听老一辈人说“婚姻是一辈子的大事”“女怕嫁错郎”，所以一直有找错伴侣毁终身的感觉，而周围发生的故事也一再印证了这些说法。

如果我们把婚姻看作一个经济共同体，而各自的伴侣就是新建立的家庭的合伙人。双方从此在各个意义上都被捆绑在了一起，“家庭”这个公司能否发展壮大、让自己受益，几乎有赖于相互选择的合伙人是否优秀。

选择人生伴侣是“大事”没错，但加上“终身”二字有点言过其实。

过去人的寿命有多长？50岁就算是长寿了。找个伴侣就算不满意，也是新三年，旧三年，吵吵闹闹又三年，一辈子就到头了。而现在，我们的寿命基本上在八九十岁，就算你30岁结婚，你“终身”的年限也从过去的二三十年变成了五六十年，遇到一个不合拍的伴侣，还真是不好将就。

而对于“害怕嫁错郎”的女性而言，过去主要是依靠男性才能生存。现在完全不同了，现在因为女性经济的独立和意识的觉醒，曾经的“终身大事”，在现代社会里有了更多重新选择的权利和机会。

我们要承认的是，伴侣选不好的确会对自己有很大伤害，有些影响甚至是一辈子的，但也真的没必要把选到差伴侣和“误终身”画上等号，因为我们的“终身大事”其实有很多，不该只局限在选择伴侣、结婚上。比如：

“终身大事”一：让自己尽可能多地处于一种好的状态。

我是这样定义好状态的：保持生活积极向上的趋势。无论是物质的充盈，还是在遭遇困难和问题时揣着一颗积极的心，我们应该让自己的生活少一些颓丧，只有螺旋式上升的生活才是有意义的。

“终身大事”二：好好工作，努力赚钱。

过去我们之所以把选择伴侣看作终身大事，很大程度上和安全感这件事有关。男方觉得没有女方照顾家庭和自己是没有安全感的，女方觉得没有男方赚钱养家糊口是没有安全感的。

其实，安全感自己给最靠谱，而最显而易见的安全感是物质上的不贫瘠，所以当你没有更好的办法让自己安心时，不妨用好好工作，多多赚钱来换取安全感吧。

“终身大事”三：多保持一些理性。

“跟着感觉走”是一件美好却危险的事。不是说感性就一定不好，但只会“感情用事”的人是幼稚的，容易让生活处于乱如麻的状态，除非他已经毫无理性，意识不到这一点。选择或做决定，最好的状态是先用理性思考一番，然后在这个基础上再决定是要理性对待还是跟着感觉走。有了理性打底的“跟着感觉走”，会减少自己后悔和犯错的概率。

“终身大事”四：最美的感情不是只有爱情，还应对亲人和朋友也多些关爱和照顾。

不知道“重色轻友”是不是只发生在人类身上。陷入美妙甜蜜的爱情没有错，但一直“沉沦”是有问题的。人是群居动物，而爱情的容纳范围只有两个人，爱情会给你带来甜蜜，但同时也会对你有所禁锢。所以，任何时候都多留一些空间和时间给亲情、友情，至少要比你认为的再多留20%。

需要注意的是，即便选不好伴侣不会造成致命伤害，当我们在进行选择时，还是要有一些底线和标准来避免自己真的遇到不好的伴侣。在我看来，下面六条是择偶时应该慎重考虑的。

第一，不能有恶习。一些明显的恶习不能有，比如家暴、出轨、好赌、酗酒等；还有一些隐性的恶习也要当心，比如过于虚荣、懒惰、消极负面，喜欢推卸责任、刻薄、损人利己等。

第二，至少在某一方面具有共同性。朝夕相对一生，如果没有一些共同性，感情真的很难持久。共同的方面可以是爱好、性格、习惯，或者不怎么费力就能适应到一起的三观（严丝合缝的三观我也不太相信其存在）。

第三，懂得欣赏。一个人的优秀与美好除了自身努力之外，还需要有人能看到、懂得欣赏。如果在伴侣眼里你平淡无奇，他看不到你的可取之处，这份感情就难以牢靠。

我很认同美剧《摩登家庭》里的一句话："这就是婚姻的可笑之处，你爱上了一个卓越优秀的人，但随着时间推移，却只能看到对方的平凡。"多真实也多可惜啊。

第四，明白性生活的重要性。我始终相信，也许和谐的肉体未必有和谐的灵魂，但一段和谐的关系一定是灵与肉的组合。

第五，经济、学识、阅历方面的差异不要过大。以前觉得真爱无敌，门当户对什么的都太势利。长大后才明白，门当户对的伴侣未必幸福，但不门当户对的伴侣真的很难幸福。

相爱是一段长久的旅途，荷尔蒙带来的激情褪去后，只有各方面——未必单指经济——的匹配才能撑得起共同的生活。

第六，能有话说，也能安于沉默。尼采曾说过：“婚姻生活犹如长期的对话——当你要迈进婚姻生活时，一定要先这样反问自己——你是否能和这位女子在白头偕老时，仍谈笑风生？婚姻生活的其余一切，都是短暂的，在一起的大部分时光，都是在对话中度过。”可见，在一段关系中能聊得来有多重要。

“能够聊得来”至少可以说明两件事：在一些方面，双方有共同感兴趣的事情能够交流；双方并没有随着时间的流逝而减弱对彼此的热情。

但好的伴侣不仅能聊得来，也能在该沉默的时候自在沉默。再好的关系也有需要独处的时候，所以，当我沉默以对时，希望你能理解我并非冷落了这段关系，而是作为一个独立体，我需要个人的空间。

不妨试着把选择人生伴侣看作选择去哪家餐馆招待贵客，穿什么衣服去见重要的人——慎重、思虑周详，意义重大，但又不决定全局。

没有永恒的爱情

有时我会想，如果李清照和赵明诚白头到老，他们的爱情故事还会被传颂吗？那些美好大概会变成另一副模样吧。

过去李清照帮丈夫一起编纂《金石录》时那些为他做的解答，夫妻间玩的猜谜、翻书、饮茶的小情趣，日子久了，会不会变成“好无聊啊”？

过去赵明诚能够闭门谢客、废寝忘食3天作词50首，只为超越妻子那首《醉花阴》，日子久了，会不会变成“哪有那个闲工夫”？

怦然心动、至死不渝、琴瑟和鸣般浓烈又美好的感情，终究会被漫长、琐碎的时日淹没。最好的爱情只会发生在恰到好处的死亡、有些模糊的回忆里，现实中的爱都是打过折扣的。

社会心理学家罗伯特·斯滕伯格提出过一个概念——爱情三角理论。他认为爱情由3个基本成分组成：激情、亲密和承诺。激情，是爱情中的情欲成分，是情绪上的着迷；亲密，是指在爱情关系中能够引起的温暖体验；承诺，指维持关系的决定、期许或担保。

我们姑且认可爱情里的这些成分，然后你会发现，激情、亲密和承诺都是无法恒久的因素。激情就和玩过山车一样——那一瞬间翻转是刺激的，但长久坐在上面只有痛苦。

再说亲密，罗伯特定义得很好——能够引起温暖的体验。确实，我们在爱情里或多或少都有过被温暖、被感动的时刻。他不远千里冒着雪把自己送来给你惊喜，他五谷不分却愿意为你花一天时间煲汤，他送过来的恰到好处得让你可以安心流泪的肩膀，他解救你于危难时的坚定和勇气……只要你不太计较，爱情里到处都是“暖宝宝”。

亲密，另一种说法就是习惯。因为习惯了发生在自己与对方生活里的一切，所以距离感才会为零，让彼此产生亲密无间的错觉。

至于承诺，简直就是人类在两性关系里搞出来的最多余的事物。明明知道无常和变故难平息，偏偏就是“信了你的邪”。“承诺”最让人无奈的地方在于它不像生意“都好商量”，“承诺”是一根筋轴到底，容不得妥协。比如，如果对方承诺了你A，最终未兑现，你会崩溃；如果对方承诺了你A，最终反悔了，妄图用B去补偿你，你还是会崩溃。

只可惜罗伯特·斯滕伯格告诉了我们爱的成分，却没有告诉我们如何动用这些成分让爱鲜活如初。因为激情、亲密和承诺注定不能长久，所以世上并没有永远相爱这回事。

那就不爱了吗？或者爱得小心翼翼、有所保留会比较好吗？这未尝不是一种爱的方式，对某类人也许适用，不过有点可惜，采用这种方式的人在爱情里不会失控，但注定也不能尽情享受。爱情中应该有理性的成分，但爱情毕竟不能全是理性。

数学再好，也算不出爱情里的最大公约数。既然有保留的爱不够好，那就有梯度地去爱吧。

和我一起长大的莹就是一个对爱的分寸拿捏得特别得当的人。在热恋时，她会沉醉在另一半给她带来的浪漫温馨里，成为一个小鸟依人、享受照顾的女生。结婚后，她会多一份理智去看待二人的关系，而非一味要求继续维持过去的浪漫。

比如当老公忙碌、疲倦时，她并不会因为另一半不能陪伴她而心生埋怨，从而开始怀疑两人的感情，而是非常体谅对方的不易，自己安静地处理事情，与朋友相聚去打发那些闲暇的时光。虽然平时莹也会和老公撒娇、小任性，但她并不是无休止地让老公去迁就自己。遇到需要讲原则、讲道理的事情时，她会收起小女人心，恢复理智去和老公共同讨论、解决。

莹的爱情让我明白：

你可以享受爱情刚发生时的心动，但不要指望一生中爱情都让你面红心跳。

你可以享受爱得浓烈时他给你的宠爱和任性的空间，但不要指望那个空间无边无度。

你可以享受大部分时候他对你的理解和善意，但不要指望他时时刻刻都灵魂伴侣附体。

你可以深陷在“相爱到永远”的故事里，但不必非把日常生活演成王子和公主的童话。

其实，就是要爱得明白些：这个世界不会有一种伴侣，能够时时刻刻、不知疲倦、360度无死角地去爱你，像开始那么新鲜，永远那么缠绵。

如果真有这样的人和你共度一生，难道不恐怖吗？他得多没追求，才会在自己的全世界里只摆满了你？人生≠爱情，人生=爱情+很多很多其他事。

抓住“相爱到永远”死死不肯放手的下场就是你会在一小段时间里感叹“一生太短暂，不够我们爱下去”，然后大部分的时间里你会哀叹“一生太漫长，怎么打发都很难熬下去”。

前任是本教科书

收到小表妹给我发的关于前任的信息。留言很长，内容无奇，无非就是大学校园恋情里甜蜜相爱、分分合合，然后分手、念念不忘的故事。留言的结尾干净利落，三个字，问我“怎么办”。

看完这则留言，内心的一个感慨是：人类进化了这么多年，好多事情都取得了巨大进步与发展，唯独在两性世界里还是玩不出什么新花样，套路终究是出奇地一致。

“前任”这类话题实在比较敏感，说不好就会变成怨妇、装坚强，或者得罪现任，所以我几乎不写涉及前任的文章。可小表妹来求助了，不理又不好。不过坦白讲，对于任何一种结局不好的感情，当有人问起我“怎么办”时，我的答案都是无解。我不擅长这方面的分析，所以只能把答案简单粗暴地归结为“挨着”。挨不过，你可能就会彻底不相信爱情；挨得过，你也许就会迎来下一个春天。

这世上，很多鞭辟入里的分析，很多众人首肯的道理都会对人奏效，唯独感情这事上是有理说不清，说得清当事人也不一定听得进，听得进也不一定做得到，做得到也不一定就真是心甘情愿。所以，对小表妹我深感抱歉，发了“挨着”两个字过去，虽然简短，却是我能给出的最有诚意的答案了。

不过，当现任成为过去时，我们除了懊恼、伤心、憎恨、咒骂、怀念之外，其实还有一些比较理性的方式去看待前任。我是个实用主义至上的人，总觉得一件事情发生过，不留下点什么就有些难受。所以，这篇文章就带你来解剖一下前任，看看他留给你的价值有哪些。

第一，无论多难过，都不要因为失恋而去损害自己的健康。虽然为情自杀的人是少数，但为情伤神却几乎囊括了所有情场失意的红尘男女。

找好友咒骂对方、大声哭泣、使劲流泪、失眠都可以理解，但千万不要打着难过的旗帜去放纵自己买醉、绝食。有一天，当你幡然醒悟时会厌恶这样的自己，这一定是世上最不好的事情。

第二，有些事实在没必要追寻原因，感情就是其中一项。以前看琼瑶剧最怕看那种女主告知要离开男主了，男主抓着女主的双肩猛摇，一边摇一边大吼："为什么？你为什么要离开我？"看着都替女主感到胳膊疼。

世上有多少对分手的情侣，就可以有多少个分手的理由，但所有理由归结起来不外乎3个：他不爱你了，你不爱他了，你们彼此不相爱了。

相爱时，好好爱。他喜欢你也许有千百个理由，也可能并没有理由，但这不妨碍你们相爱。不爱时，好好散。分手时，他也许对你还有不舍和依恋，或者唯恐避之不及的厌恶，但都不重要了。分手就意味着这段爱情画上了休止符，你该继续前行了。

第三，把每一次投入的感情都当成收获，而不是损失。也许你会后悔曾经在一份感情中爱得太深，也许你会后悔曾经在一份感情中破费太多，也许你会后悔曾经在一份感情中轻易地就把自己交给了对方。但这个世界上没有一件事情是免费、不需要付出和绝对公平的。如果你曾经在这份感情中获得过快乐、满足、感动、成长，那这些“学费”就交得值得。因为分手后每一次计较，最后伤害的都只是自己。况且对方又何尝没有付出呢？

第四，不要因为一棵树死掉而对整片森林绝望。你们是刻骨铭心的初恋，你们是茫茫人海中一见钟情的两人，你们是朝夕相对日久生情的一对。无论你们过去曾是什么，只要没能走下去，就说明一定有阻碍你们在一起的原因。

不管是爱够了、太累了、不懂事，还是家人的阻挠，分手了就说明这是你们自己的选择——无论主动还是被动。人是不该因为自己的选择而放弃自己未来的人生的。长久悼念上一份感情不能说明你长情，只能证明你是一个无法担当自己抉择的人。

所以，走出去，用好的姿态去迎接下一份感情才是唯一的出路（不要问我怎么做，如果一定要问，还是那俩字“挨着”）。虽然不易，但你不能放弃。别因为一次失败的感情，就给自己找爱无能的借口。这世上没有爱无能这回事，要么是你还未遇到对的人，要么是你在逃避。

第五，一份失败的感情也可以是一堂宝贵的课。这么讲也许有点儿功利，但没有在一起并不意味着这不是一段好的感情。

如果彼此有成长，那曾经的在一起就是值得的。你要知道自己在这一次的经历中哪里可以做得更好，下一次才可能拥有更健康、更美好的感情。

嫌弃男友猜不透你的心思，那就在下一份感情中更坦率地表达你的想法，不要让对方一遍遍猜测你的心意；嫌弃女友事事都依靠你，那就在下一份感情中学着放手让对方更自立；……

第六，复合不是问题，但反复玩这套把戏就是问题。分手了，但两个人都余情未了、心有不甘，不做好马，吃次回头草无妨。这世上不乏复合后终成眷属的例子。但这个游戏如果反复地玩，就挺没劲的。

第一次复合说明你们还有改正自身缺点或解决问题，想要在一起的意愿和决心。分手又复合的次数多了，只能说明：要么二人关系中的问题无法得到解决；要么你不仅没有能力改变现状，还没有勇气看向未来。

第七，彻底断绝VS保持联系。分手后是否与前任保持联系？其实答案本身并不重要，重要的是你只需要记住：无论你们是老死不相往来，还是偶有互动，你们都不再是那对相爱的人，也不会再成为彼此最爱的那个人。

前任通常可以分为两类：有一类叫为什么不早点分手的坏

男坏女，还有一类叫错过有点可惜的好男好女。无论过程多不同，只要分手了，结局都是殊途同归。只要你自己内心是个阳光、正能量、元气十足的人，什么样的前任都可以成为你情感道路上的一笔精神财富。

不过，如果你选择继续和前任保持联系，即便联系不多，只是朋友圈的点赞之交，也请顾及一下现任的感受，毕竟他才是更有可能和你度过一生的那个人。一切因为前任而伤害现任的做法，都不值得！

前任可以是一场灾难、一次美好的回忆、一次警醒，不过我更愿意把前任视作一本教科书。在这里它会教会你如何去爱、享受被爱，以及成为更好的自己。

想爱，就要读懂爱情“三观”

爱情里的“三观”指的是世界观、人生观、价值观吗？反正我不是这样定义的。很简单，因为它们太抽象了。

我当然知道“世界观”是指人对事物的判断的反应，是人们对世界的基本看法和观点。可是请问，这个解释放在爱情里如何实践，又如何对爱情奏效？总不能说，一方对整个世界持悲观态度，另一方持乐观态度，他俩就一定会分道扬镳吧。世界太大，命运无常，你怎么知道自己何时就会被一点儿芝麻小事撬动心房、掀起波澜，改变了看法，重新爱上或恨起这个光怪陆离的“熔炉”？况且，把一个个微小的、独立的我们放进

“世界”“时空”中，又能产生多大的化学作用呢？

爱情，是一件大事，因为它涉及人类中的每一位成员。但爱情也是一件小事，因为它太个体化、普世化。有时候，它平凡得几乎只是落实到吃喝拉撒、柴米油盐。对每一个个体来讲，我们的爱情与世界鲜少关联，更多的是和世俗有关，带着尘世烟火的味道。所以，当我们说爱情里的“三观”时，它不该是世界观、人生观、价值观如此雾里看花、水中望月的抽象。爱情可以浪漫，但它的“三观”应该实在。所以，我是这样理解爱情里的“三观”的。

第一，金钱观。我曾说过这世上所有的关系本质上都是财务关系，爱情当然也不例外，不能谈钱的爱情都会速朽。虽然有情饮水饱，但现实中无论多好的爱情还是要解决穿衣吃饭的生活问题。如果金钱观不合，再甜蜜的爱情也会碎一地。

金钱观本质上不是一个人对金钱的看法，而是对如何去使用金钱的看法。

爱情中，贫穷不可怕，可怕的是一方觉得应该用花胶煲汤，另一方却觉得不就是碗汤么，为什么不用番茄和鸡蛋就好了？

第二，性爱观。性于爱情就像盐与饭菜，其重要性绝对值得在“三观”中占一席之地。你以为性是一件关乎肉体的事吗？不，它反应的其实是人性。

性爱是一件需要两人合作完成的事，涉及合作就不可能完全顺畅、绝对平等。此时，伴侣是否在乎你的感受，是否愿意为你制造愉悦，是否尊重你的需求和要求，都能体现出这个人的人性。

第三，学识观。学识，既可以狭隘地指我们在学校接受的正统教育、从小到大耳濡目染的家庭教育，也可以包含一个人拥有的世面、阅历、见识。学识观决定两个人能否聊得来、聊得久。

我对学识匹配的看法比较固执：学校和家庭教育差距太大的两个人很难聊到一起。不一定学历非要旗鼓相当，而是两人所具备的对事物的看法、知识的储备和见识是否可以相提并论。

如果你还记得《生活大爆炸》前几季中每次佩妮对那几位天才讲笑话时对方的反应，就会明白为什么大家还是愿意找学历、见识匹配的伴侣，多优秀的小学生也很难和一名博士促膝长谈吧。而且，现在人人不都希望另一半有趣、幽默吗？这可不是讲两个笑话、说两个段子那么简单的事，它需要丰富的知识、广博的见识，以及相当的智慧。

我中学时期的好友在读大学期间被一位几乎没受过什么教育，很早就出来打工补贴家用的小伙子追求。一开始好友肯定是不待见他的，毕竟二人从学历到家庭背景都相差比较远。好友虽不是富贵人家的孩子，但父母都是小学老师，自然也希望她能找一个门当户对的伴侣。

可男生对好友实在是太体贴了，你能想到的爱情故事里的浪漫情节他都执行了一遍。好友也没有恋爱经验，最后被感动，于是答应交往。

没多久好友毕业，刚好男友正打算创业做建材生意，好友拒绝了当地一家会计事务所的录取通知去帮男友的初创公司做财务。公司刚成立时每个人都忙到疯，她和男友所有的交集也都是谈工作。两年后公司步入正轨，二人也顺利结婚，婚后好友安心在家做主妇，此时，她才发现自己和相处了近三年的伴侣除了谈工作，真没什么共同语言。

好友喜欢陶艺，老公却嘲笑她日子过得太舒服，喜欢做泥瓦工；好友喜欢去电影院看IMAX（巨幕电影）带来的震撼效果，老公觉得在家用电脑在线看也很好；好友希望老公出去谈生意时能穿得得体，为此还帮他精挑细选了西服、领带，老公觉得完全没必要，做建材的穿那么好都是浪费。

总之，好友过的是“鸡同鸭讲”的婚姻生活。最后的结局自然是离婚。

我们在乎学历、教育、见识的匹配是有道理的，因为这关乎爱情的长久与快乐。

我们每个人都可以对爱情有自己的定义，对爱情的经营之道有自己的方法，只是我觉得，在爱情里，如果金钱观、性爱观、学识观“三观”不合，爱情就很难长久、美好。

爱是不断地去行动

你认为爱是什么？是无怨无悔地牺牲奉献？是一位懂你的灵魂伴侣？是两个结合在一起但又保持各自独立的人？还是简单粗暴点，一个一直陪伴你的人，一个和你生孩子的人？

每个人都对爱有自己的见解，而对我这个务实的人来说，爱就是行动。

爱，应该是行动出来的！一个爱你的人，至少应该在以下三方面愿意为你有所行动。

第一，精神方面。

在爱情里双方如果没有精神默契和交流，别说七年之痒了，估计新鲜劲一过，七周就想各奔东西了。所以，在爱情里，精神方面需要呵护。

什么叫“精神默契和交流”？说白了就是你俩有多少共同语言，能不能聊在一起。一个不爱你的人，在发现没有共同语言后，要么会把你定义成一个无趣的人，要么会说你们是两个世界的人，然后拍屁股走人。但一个爱你的人一定会“创造”有趣和共鸣，让你们在精神上也同步。

张明是我家楼上的邻居，两家有近20年的交情了。他妈碰到我妈聊3句话就能拐到张明的婚姻大事上来。比如，我陪我妈去买菜，她看见了就说真好，啥时候我也能有个儿媳妇陪我去买菜；我爸妈来上海看我和老公，她会说真好，啥时候我也能有机会去南京看我儿子和儿媳妇，而不是只看我儿子一个人。

张明30岁的时候还是单身。他的专业是天体物理研究。

有一次我脑子抽风，问张明啥是天体物理。张明兴致盎然地跟我讲什么星际物质、红移、大爆炸模型。我听他说第三句话的时候脑子就自动“关闭”了。由此我对张明30岁还是单身一点儿都不感到意外了：他完全不懂与女孩沟通的方式。

出国前我回了趟老家，听我妈说张明结婚了，老婆是中学英语教师。什么！一个天体物理，一个英语专业，这简直就是南极和北极啊。宇宙到底是动用了何等力量才让他俩走到一起的？

揣着一颗八卦心，我就去拜访这对新婚夫妇了。去的时候夫妻二人正在看BBC的一部关于宇宙大爆炸的纪录片，老婆拉着他问东问西，就像个新出生的婴儿对世界充满了真诚的好奇；张明呢，则是满脸幸福地“传道授业解惑”。趁他老婆去厨房帮我切水果时，我调侃张明：“你行啊，成功点燃了嫂子热爱科学的热情。”张明一脸无辜地说：“没有啊，是她自己感兴趣，搜了好多这方面的资料问我，我就给她科普答疑呗。不过，你嫂子真行，一个学文的，现在我俩闲聊居然也能谈谈暗物质和暗能量了。”

我怕他继续给我科普宇宙，发现张明手边放着英文版的《红楼梦》，就赶紧转移话题指着那本书说嫂子真是能文能理，智慧超群啊。张明说，哪儿啊，这书是我看的，她特喜欢《红楼梦》，尤其是戴维·霍克思这个版本的，所以我找来读读。

那一刻我瞬间懂了，你爱一个人，自然愿意去涉足他的精神领地，为他尝试学习新知识，为他“舞文弄墨”，让自己曾经的那片荒芜之地变得花团锦簇。所谓的情投意合，就是愿意为了和爱的那个人精神上门当户对而去努力。

第二，细节方面。

都说细节见人品，其实细节更能见真爱。因为你在乎一个人，所以恨不得把他的方方面面都看在眼里、装进心里。

杰瑞是我大学同学小婉的老公。他虽然叫杰瑞，但一点儿都不像猫和老鼠里那只萌萌的小老鼠，而是一个能光着膀子，用牙齿咬开啤酒瓶盖儿，然后蹲在路边撸串的东北大老爷们。小婉呢，是讲一口吴侬软语，弹得一手好琵琶的苏州妹子。对他俩这种神奇的组合，我们也是一脸蒙。

后来小婉生完孩子坐月子，我们去家里看她。杰瑞看起来还是那么糙，于是几个女生就八卦，问小婉当初为啥要找杰瑞这么糙的人做老公啊。小婉满脸问号地说："不会啊，我觉得我老公又阳刚又细心啊！

"你们看到了吗，我家的床头柜、茶几、饭桌、化妆台上时刻都会放着一瓶矿泉水，因为我特容易口渴又经常懒得喝，所以杰瑞就在这些地方都放了一瓶水，方便我想喝时就能够得到；我们家洗手间的马桶垫，杰瑞使用完后都会放下来，方便我用。

"我喜欢的零食、爱喝的饮料、最爱的衣服，杰瑞永远都会放在冰箱和衣柜里最好拿、最显眼的地方；还有，每次坐电梯，门开的时候杰瑞都会站在比我靠前一点的地方，用手挡在我身前，就是怕有人从里面出来急急慌慌撞到我。”

第三，未来方面。

如果你的另一半把大部分精力都放在了打游戏或买东西上，你还会相信你们的爱情有未来吗？至少我是很难相信的。因为真正的爱情不仅是贪图一时之乐，更要“但愿人长久”，而长久的未来是需要双方为彼此的情感账户里充值的。

最受不了那种嘴上说着“亲爱的，我要让你成为世界上最幸福的人”，然后你问他对“我们的未来”有什么打算时，他一脸懵懂地憋半天丢给你一句“走一步看一步，计划赶不上变化”的伴侣了。

其实，我们并不是要求另一半在未来一定要美丽动人，一定要成为千万富翁，关键是如果没有这样的目标，就不会有为之奋斗的行动，那请问未来在哪里？如果做这些觉得委屈，觉得丧失了自我，那别说你们之间是真爱。在未来的蓝图里，你的另一半有多重的戏份，你就有多少动力愿意为他努力。

我们彼此相爱，付出行动才能深爱！

愿我们每个人都深情地活着

当一个人说“我不想去尝试一些事情”，他可能会为“不去尝试”找N多理由，这些原因看起来好像存在，但却是冠冕堂皇，最真实的原因其实可能只有一个，那就是“不敢”。

比如，我有一个朋友，离了婚独自带着儿子生活。她对工作要求很苛刻，一要离家近，二要挣得多，如果实在不能二者兼得，那么宁可少挣一点，也要保证每天中午可以把儿子接回家吃饭，晚上也要有足够的时间陪儿子写作业。因此她内心就有了一个冲突，且这个冲突无时不在，那就是：她一方面想挣很多钱，这样就可以给儿子更好的生活；另一方面她又得把挣钱的机会“扔”出去，因为把时间和精力都用来挣钱了，就没有多余的时间和精力去陪儿子了。她说："我儿子离不开我，他还那么小，我不想把他独自留在家里。"其实她儿子已经上四年级了，中午完全可以在学校吃饭，放学自己回家或留在学校等妈妈下班来接。但这位朋友却要把儿子放在触手可及的地方，如果看不到儿子她就会感到不安。为了让这件事情看起来合理化，她告诉自己："孩子还小，需要照顾。"事实上，是她离不开孩子，因为离开了孩子，痛苦难受的是她，而不是孩子。这种错误认知限制了她去尝试想要从事的工作。

了解到自己被一些东西所限制，这一点非常不容易。有时是我们自己意识不到，有时是不敢承认，而这两点都会造成同一个结果：自己骗自己。

"自我欺骗"是一种防御机制，有它的存在，我们可以不必感受痛苦，但我们会离真相越来越远。真相很重要，它关系到我们能不能诚实地对待自己。如果我们对自己足够诚实，我们就会把更多的注意力放在自己此时此刻的感受上，会努力让自己处于一种舒服的状态，哪怕这种舒服在大多数人看来是不对的，我们亦不会感到这有什么不好。这一点恰恰印证了荣格所说的："每一个人都是独一无二的存在。"因为独一无二，谁也不能评判谁的对错。

如果一个人可以让自己舒服，并且会习惯性地积累这些舒服，那么他就达到了“深情”的标准。意思就是说：我们内心有一个信念，我们深信自己是独一无二的，我们不是别人，别人也不是我们，我们和别人的差异让我们感到惊奇，有兴趣，而不是羞愧、不安，那么我们就能很好地接受这种差异。比如，我们胆小、不愿接触人群、爱生气、小心眼……这些差异的背后隐藏着一些东西，正是它们指引我们更深刻地审视自己的生活，从而在这些生活事件中寻找到自己独一无二的经验或感觉。如果可以做到这样，我们就说：“你瞧，我对生活如此深情！”

刚听到荣格学派的老师讲到“深情”这个词，我一时有点蒙，还以为是“深沉的爱”或“深厚的感情”。后来我觉得，我的理解也并没有离题太远，只是“深情地活着”这个说法以前我从未想到过，以至于在我听到它的时候眼前一亮，脑洞大开。它让我想到一些儿时的绝妙经验和梦里让我久久不能忘掉的场景，那是一种有关情绪的体验。什么情绪呢？好奇、新鲜、被牢牢吸引的专注之情，就像食物残渣之于蚂蚁，鱼之于北极熊，未知之于孩童。我由此明白了，好奇和探索就是最大的热爱和最大的深情。当对人、事、物以及生活本身怀有莫大好奇，而不是怀疑、厌倦、不屑时，“深情地活着”也就被诠释得清清楚楚。在这个“深情”里面，我们对自己的优缺点持包容的态度，故而对他人的所作所为也不会有批判或不满，整个人处于一种平和、从容之中，这无疑是人们生存的最佳状态。所以我们才需要不断地修炼，最好你有一个比较了解自己的心理治疗师，你们一起朝着“一个人要深情地活着”这个目标前行，如果可以做到，那么心理治疗也就可以停止了。

深情面对生活的首要任务就是建立、积累自己的舒适感，让自己生命的能量不断地得到滋养、提炼和升华。在这个过程中我们会渐渐明白，所有那些不舒服的感觉——恐惧、愤怒、不安都是来自“渴望与世界深情相处”的本能愿望。因此我们会原谅某时某刻自己的不恰当行为，理解自己的某些不足，并深信自己最终可以到达一个令人喜悦的状态。

这个令人喜悦的状态的实现，需要我们承认并接受自己的现有状态：如果我们在某一方面表现得不好，那就不要在这方面过高要求自己；如果我们缺爱，就不必严苛自己一定要去爱别人；如果我们缺乏安全感，就不要把勇敢当成行动的标准。我们有什么，才能不在乎什么，我们没有什么，就永远不能给到别人什么，因为水满才能“溢”。而这种承认、接受自己现有的状态，也是让自己舒服的做法和表现。

比如有人曾留言给我说：“我该怎么做才能更好地去爱我的孩子？”我并不关心他如何才能更好地去爱他的孩子，我更关心他对自己的爱有多少。他是不是对自己的所作所为、所需要足够宽容，是不是接受“自己的爱没有那么多”这个事实。如果他能理解这一点，那么他的问题也许就变成了“我怎么才能爱自己”。当学会爱自己的时候，爱别人就不再成为一个问题。

上文提及的我的朋友，如果她明白“照顾孩子”是自己的需要而不一定是孩子的需要，明白正是这种本末倒置的认知才限制了她去尝试想要的工作，那她就会对自己有一个全新的了解：当她还是个小女孩的时候，她缺乏关爱和照顾，她正在把这一点投射到孩子身上，而孩子在这方面并不缺乏，所以她不必时刻想着要“照顾孩子”，她应该有自己的生活和追求。如果她放弃自己的执念，就会发现得到想要的一点都不困难。

每个人或多或少都有自己的执念，这个执念是我们心里的墙，因为看不见，所以无法逾越，我们只能被限制在里面。因此我们要学会“深情地活着”，允许那些不美好的存在。然后给自己一个机会去审视那些不美好背后的诉求是什么，从而能够深深地理解进而满足自己。做到这一点，我们一定会明白世界很美好，活着很美好。